第2章 粉色主题儿童房天光表现

第4章 欧式风格客厅天光表现

第3章 新中式风格卧室日光表现-角度1

第3章 新中式风格卧室日光表现-角度2

第5章 轻奢风格卧室室内灯光表现

第5章 轻奢风格卧室室内灯光表现-线框渲染

第6章 中式风格接待大厅日景灯光表现

第6章 中式风格接待大厅日景灯光表现-线框渲染

第7章 欧式风格厨房日光表现

第7章 欧式风格厨房日光表现-线框渲染

第8章 现代风格榻榻米夜景灯光表现

第8章 现代风格榻榻米夜景灯光表现-线框渲染

第9章 现代风格餐厅天光表现

第9章 现代风格餐厅天光表现-线框渲染

第10章 现代风格公寓日光表现

第10章 现代风格公寓日光表现-线框渲染

来阳 / 编著

从新手到高手

3ds Max + VRay
效果图制作 从新手到高手

清华大学出版社

北京

内 容 简 介

本书是一本使用中文版 3ds Max 2020 和 VRay 5.0 来介绍效果图制作表现的技术书籍,力求从"真实的表现"出发,将笔者多年的工作经验融入其中。本书包含 3ds Max 的基础知识讲解、VRay 材质、灯光、摄影机、渲染及图像后期处理的一整套效果图制作技术。本书面向初学者及具备一定软件技术的从业人员,同时也是可以让读者快速而全面掌握 3ds Max 2020 和 VRay 5.0 的一本必备参考工具书。本书内容以制作效果图的工作流程为主线,通过实际操作,使读者熟悉软件的相关命令及使用技巧。

本书附带的教学资源内容包括书中所有案例的工程文件、贴图文件和多媒体教学录像。

本书非常适合作为高校和培训机构相关专业的课程培训教材,也可以作为 3ds Max 2020 和 VRay 5.0 自学人员的参考用书。

图书在版编目(CIP)数据

3ds Max+VRay效果图制作从新手到高手 / 来阳编著. — 北京:清华大学出版社,2021.7

(从新手到高手)

ISBN 978-7-302-58471-1

Ⅰ.①3… Ⅱ.①来… Ⅲ.①三维动画软件 Ⅳ.①TP391.41

中国版本图书馆 CIP 数据核字(2021)第 127067 号

责任编辑:陈绿春
封面设计:潘国文
版式设计:方加青
责任校对:胡伟民
责任印制:刘海龙

出版发行:清华大学出版社

   网　　址:http://www.tup.com.cn,http://www.wqbook.com

   地　　址:北京清华大学学研大厦 A 座　　　　　　邮　　编:100084

   社 总 机:010-62770175　　　　　　　　　　　　邮　　购:010-83470235

   投稿与读者服务:010-62776969,c-service@tup.tsinghua.edu.cn

   质 量 反 馈:010-62772015,zhiliang@tup.tsinghua.edu.cn

印 装 者:三河市铭诚印务有限公司

经　　销:全国新华书店

开　　本:188mm×260mm　　印　张:13.5　　插　页:4　　字　数:400 千字

版　　次:2021 年 9 月第 1 版　　印　次:2021 年 9 月第 1 次印刷

印　　数:1 ～ 3000

定　　价:89.00 元

产品编号:091283-01

前言 PREFACE

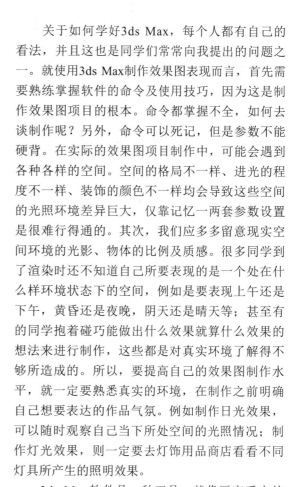

关于如何学好3ds Max，每个人都有自己的看法，并且这也是同学们常常向我提出的问题之一。就使用3ds Max制作效果图表现而言，首先需要熟练掌握软件的命令及使用技巧，因为这是制作效果图项目的根本。命令都掌握不全，如何去谈制作呢？另外，命令可以死记，但是参数不能硬背。在实际的效果图项目制作中，可能会遇到各种各样的空间。空间的格局不一样、进光的程度不一样、装饰的颜色不一样均会导致这些空间的光照环境差异巨大，仅靠记忆一两套参数设置是很难行得通的。其次，我们应多多留意现实空间环境的光影、物体的比例及质感。很多同学到了渲染时还不知道自己所要表现的是一个处在什么样环境状态下的空间，例如是要表现上午还是下午，黄昏还是夜晚，阴天还是晴天等；甚至有的同学抱着碰巧能做出什么效果就算什么效果的想法来进行制作，这些都是对真实环境了解得不够所造成的。所以，要提高自己的效果图制作水平，就一定要熟悉真实的环境，在制作之前明确自己想要表达的作品气氛。例如制作日光效果，可以随时观察自己当下所处空间的光照情况；制作灯光效果，则一定要去灯饰用品商店看看不同灯具所产生的照明效果。

3ds Max软件是一种工具，就像画家手中的笔，要熟练才能生巧。此外，还得在学习制作的过程中不断思考。例如建模，在最初布线时就得考虑模型光滑之后的计算形态；例如材质，在调试之前一定要对物体的属性有一定程度上的物理认知；例如灯光，应使用何种灯光来模拟对应的光照效果；例如渲染，如何优化参数使得我们可以用相对较少的时间来得到质量较高的作品；如果涉及动力学、粒子等特效的话，还应掌握物体的运动规律、表达式以及使用Maxscript语言来编写一定的应用程序来辅助动画的完成制作。3ds Max软件可以应用于不同学科专业中，不同的专业所开设的3ds Max课程仅仅是针对本专业所涉及的软件内容进行详细讲解。如果想全面掌握该软件的使用方法则需要我们花费大量的时间去对软件的各个功能进行深入学习，所以读者在学习该软件之前首先应该明确自己的学习目标。在案例的设计上，本书主要以常见的室内效果图案例来讲解软件的使用方法和操作技巧。

　　本书的工程文件和视频教学文件请扫描下面的二维码进行下载，如果在下载过程中碰到问题，请联系陈老师，邮箱：chenlch@tup.tsinghua.edu.cn。

　　由于作者水平有限，书中疏漏之处在所难免。如果有任何技术问题请扫描下面的二维码联系相关技术人员解决。

工程文件

视频教学

技术支持

来　阳
2021年5月5日

CONTENTS 目录

第1章 室内效果图表现概述及软件基础操作

第2章 粉色主题儿童房天光表现

CONTENTS

第5章 轻奢风格卧室室内灯光表现

第6章 中式风格接待大厅日景灯光表现

CONTENTS

第 8 章　现代风格榻榻米夜景灯光表现

第 7 章　欧式风格厨房日光表现

第 10 章　现代风格公寓 日光表现

第 9 章　现代风格餐厅 天光表现

第1章
室内效果图表现概述及软件基础操作

1.1 室内效果图表现概述

自古以来，建筑作为人类历史悠久文化的一部分，充分体现了人类对自然的认识、思考及改变。通过对不同时代、不同地区的建筑进行研究，可以看出人类文明的发展，以及当时当地社会经济形态的演变，并对今后的建筑设计表现产生一定的影响。建筑设计表现根据表现的主体可以细分为建筑外观表现、室内效果图表现、庭院景观表现等。而室内效果图表现的方式也多种多样，如手绘设计、计算机制图、沙盘模型等。在本书中，室内效果图表现仅狭义地认为是使用三维软件在计算机中进行建模、材质制作、灯光设置并渲染出图的一系列工作流程。如图1-1和图1-2所示分别为使用三维软件制作的室内效果图作品。

图1-1   图1-2

1.2 室内效果图表现应用

室内效果图的应用前景十分广泛，如家装设计、酒店设计、商场设计以及各种馆内设计表现，其图像产品涉及空间表现、平面广告、动画场景设计、电影场景设计等多个不同的行业领域，如图1-3所示为现代风格的客厅设计表现，如图1-4所示为图书馆阅览区室内空间设计表现。

图1-3   图1-4

1.3 室内摄影中的常见取景手法及光影表现

在学习室内效果图表现技术之前，充分了解室内摄影的一些取景技巧是非常有必要的，下面为读者介绍室内摄影中的取景、拍摄及照明等相关知识。

1.3.1 平视取景

平视取景的角度非常接近人眼目视前方所看到的景象，如图1-5和图1-6所示。

图1-5　　　　　　　图1-6

1.3.2 仰视取景

仰视取景角度常用于举架较高（吊顶距离地面较高）的室内空间环境，在画面构图中，仰视取景还较易体现出建筑设计线条的汇聚感，如图1-7所示。

1.3.3 俯视取景

俯视取景可以给人以更加开阔的视觉效果，如图1-8所示。

图1-7　　　　　　　图1-8

1.3.4 全景拍摄

全景拍摄也是当下比较流行的一种拍摄方式，使用全景拍摄可以在一个平面上完美地展现空间四周的整体效果。此外，使用全景拍摄出来的画面所产生的空间形变有时会让室内环境看起来分外有趣，如图1-9所示。

图1-9

1.3.5 自然光照效果

随着一天中时间的推移，太阳在空中升起再到落下，使得照射进室内的光线颜色及强度也会不断发生变化。即便是同一时间，不同的天气对于光线的影响也是非常大的。晴朗的天气会制造出较为明亮的高光和边缘锋利的阴影，而阴天所带来的光线则可以产生较为柔和的光影效果，如图1-10和图1-11所示。

图1-10　　　　　　　图1-11

1.3.6 人工照明效果

相对于自然光，人工照明则具有非常明显的可控性。随着照明技术及设施的不断发展，灯光设计师可以随心所欲地在不同的空间环境中进行灯光搭配以得到更加复杂、美观的照明效果。如图1-12和图1-13所示为商场内的人工照明效果实景照片，在封闭的室内环境中应用人工照明还可以保证产品展示效果的稳定性，这样顾客无论是在晴天还是阴天、白天还是晚上，来到商场里所看到的商品都是处于同一种光线的照射下，不会产生较大的视觉差异。

图1-12　　　　　　　图1-13

1.4 3ds Max 2020 的工作界面

安装完成3ds Max 2020软件后，可以通过双击桌面上的 图标来启动英文版3ds Max 2020软件。

3ds Max 2020还为用户提供了多种不同语言显示的版本,在"开始"菜单中执行"Autodesk/3ds Max 2020-Simplified Chinese"命令,可以启动中文版本的3ds Max 2020程序,如图1-14所示。首次打开该软件,还会弹出"选择初始3ds Max体验"对话框,让用户选择适用于自己的工作区界面,如图1-15所示。本书以默认的"标准"界面为例进行软件讲解。

图1-15

图1-14

学习3ds Max 2020之前,首先应熟悉软件的操作界面与布局,为以后的学习制作打下基础。3ds Max 2020的界面主要包括软件的标题栏、菜单栏、主工具栏、视图工作区、命令面板、时间滑块、轨迹栏、动画关键帧控制区、动画播放控制区和Maxscript迷你脚本听侦器等部分。如图1-16所示为3ds Max 2020打开之后的软件界面。

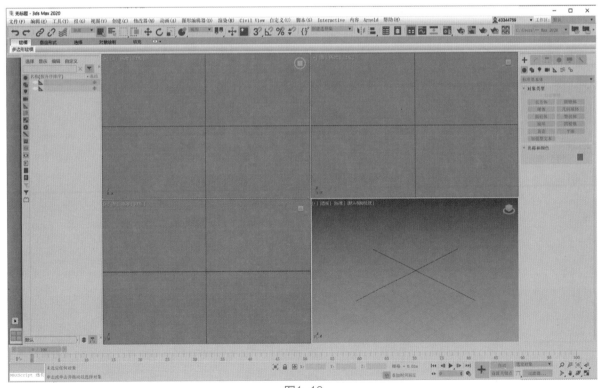

图1-16

1.4.1 菜单栏

菜单栏位于标题栏的下方，包含3ds Max软件中的所有命令，分为"文件""编辑""工具""组""视图""创建""修改器""动画""图形编辑器""渲染""Civil View""自定义""脚本""Interactive""内容""Arnold"和"帮助"等分类，如图1-17所示。

无标题 - 3ds Max 2020

文件(F) 编辑(E) 工具(T) 组(G) 视图(V) 创建(C) 修改器(M) 动画(A) 图形编辑器(D) 渲染(R) Civil View 自定义(U) 脚本(S) Interactive 内容 Arnold 帮助(H)

图1-17

1.菜单命令介绍

文件：主要包括文件的"新建""重置""保存"等命令，如图1-18所示。

编辑：主要包括针对于场景基本操作所设计的命令，如"撤销""重做""暂存""取回""删除"等，如图1-19所示。

工具：主要包括管理场景的一些命令及对物体的基础操作，如图1-20所示。

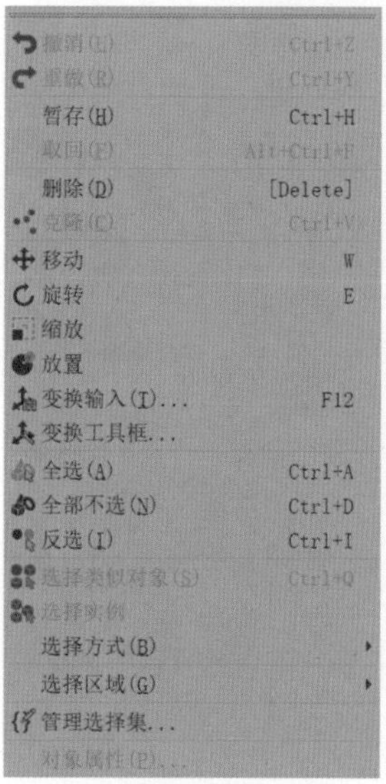

图1-18

图1-21

视图：主要包括与视图相关的各种命令，如图1-22所示。

创建：主要包括在视口中创建各种类型对象的相关命令，如图1-23所示。

图1-19   图1-20

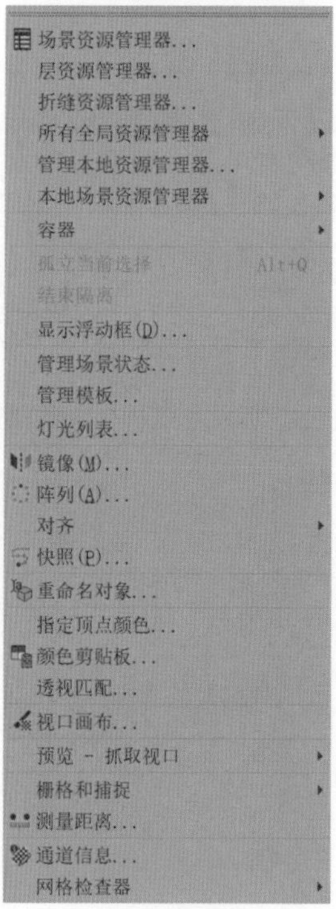

组：可以将场景中的物体设置为一个组合，并进行组的编辑，如图1-21所示。

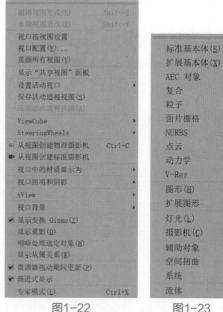

图1-22   图1-23

修改器：包含了所有修改器列表中的命令，如图1-24所示。

动画：主要用来设置各种动画效果，包括正向动力学、反向动力学及骨骼等，如图1-25所示。

图1-24 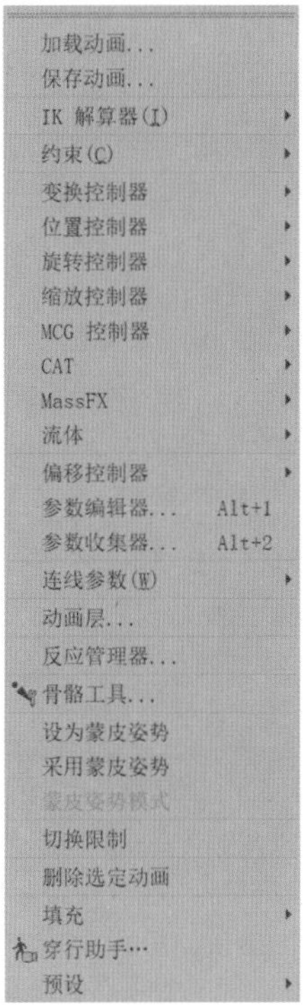　　　　图1-25

图形编辑器：以图形化视图的方式来表达场景中各个对象之间的关系，如图1-26所示。

渲染：主要用来设置渲染参数，包括"渲染""环境"和"效果"等命令，如图1-27所示。

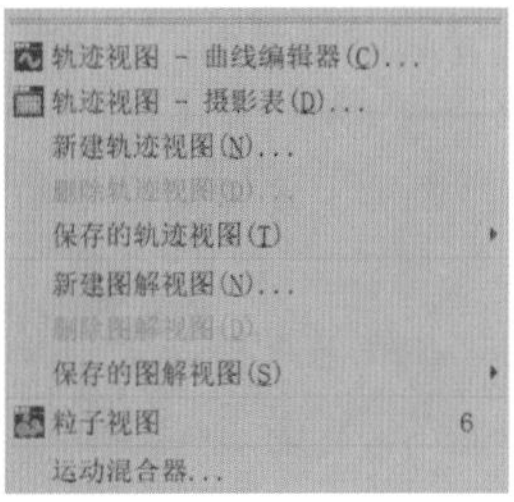

图1-26　　　　图1-27

Civil View：只有初始化Civil View一个命令，如图1-28所示。

自定义：允许用户更改一些设置，这些设置包括制定个人爱好的工作界面及3ds Max系统设置，如图1-29所示。

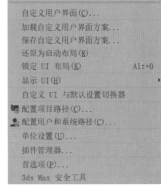

初始化 Civil View

图1-28　　　　图1-29

脚本：提供了程序开发人员工作的环境，在这里可以新建、测试及运行自己编写的脚本语言来辅助工作，如图1-30所示。

Interactive：为用户提供获取3ds Max交互功能的网页链接，如图1-31所示。

图1-30

内容：为用户提供获取3ds Max资源库的App Store网页链接，如图1-32所示。

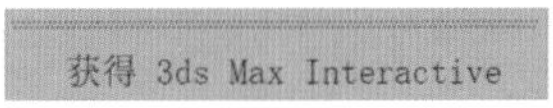

获得 3ds Max Interactive　　启动 3ds Max 资源库

图1-31 　　　　图1-32

Arnold：为用户提供有关Arnold渲染器的一些相关命令，如图1-33所示。

帮助：主要是3ds Max的一些帮助信息，可以供用户参考学习，如图1-34所示。

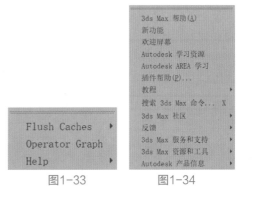

图1-33　　　　图1-34

2. 菜单栏命令的基础知识

3ds Max 2020设置了大量的快捷键以帮助用户在实际工作中简化操作方式并提高工作效率,当打开下拉菜单时,就可以看到一些常用命令的后面显示有对应的快捷键提示,如图1-35所示。

有些下拉菜单的命令后面带有省略号,表示使用该命令会弹出一个独立的对话框,如图1-36所示。

图1-35

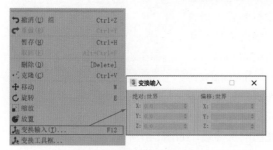

图1-36

下拉菜单的命令后面带有黑色的小三角箭头图标,表示该命令还有子命令可选,如图1-37所示。

下拉菜单中的部分命令为灰色不可使用状态,表示在当前的操作中,没有选择合适的对象可以使用该命令。例如场景中没有选择任何对象,就无法激活如图1-38所示的这些命令。

图1-37   图1-38

1.4.2 工具栏

1. 主工具栏

3ds Max 2020为用户提供了许多工具栏,在默认状态下,菜单栏的下方会显示出"主工具栏"和"项目"工具栏。其中,主工具栏由一系列的图标按钮组成,当用户的显示器分辨率过低时,主工具栏上的图标按钮会显示不全,这时可以将光标移动至工具栏上,待光标变成抓手工具时,即可左右移动主工具栏来查看其他未显示的工具图标,如图1-39所示为3ds Max的主工具栏。

图1-39

仔细观察主工具栏上的图标按钮,如果看到有些图标按钮的右下角有个黑色小三角形的标志,那么则表示当前图标按钮包含多个类似命令。使用鼠标长按当前图标按钮,就可以将其他命令显示出来,如图1-40所示。

图1-40

常用参数解析

- "撤销"按钮 ⤺:可取消上一次的操作。
- "重做"按钮 ⤻:可取消上一次的"撤销"操作。
- "选择并链接"按钮 ⬰:用于将两个或多个对象链接成为父子层次关系。
- "断开当前选择链接"按钮 ⬰:用于解除两

个对象之间的父子层次关系。

- "绑定到空间扭曲"按钮 ⬱:将当前选择附加到空间扭曲。
- "选择过滤器"下拉列表 全部 ▼:可以通过此列表来限制选择工具选择的对象类型。
- "选择对象"按钮 ▣:可用于选择场景中的对象。
- "按名称选择"按钮 ▤:单击此按钮可打开"从场景选择"对话框,然后通过对话框中的对象名称来选择物体。
- "矩形选择区域"按钮 ▦:在矩形选区内选择对象。
- "圆形选择区域"按钮 ▩:在圆形选区内选择对象。
- "围栏选择区域"按钮 ▧:在不规则的围栏

形状内选择对象。

- "套索选择区域"按钮：通过鼠标操作在不规则的区域内选择对象。
- "绘制选择区域"按钮：在对象上方以绘制的方式来选择对象。
- "窗口/交叉"按钮：单击此按钮，可在"窗口"和"交叉"模式之间进行切换。
- "选择并移动"按钮：选择并移动所选择的对象。
- "选择并旋转"按钮：选择并旋转所选择的对象。
- "选择并均匀缩放"按钮：选择并均匀缩放所选择的对象。
- "选择并非均匀缩放"按钮：选择并以非均匀的方式缩放所选择的对象。
- "选择并挤压"按钮：选择并以挤压的方式来缩放所选择的对象。
- "选择并放置"按钮：将对象准确地定位到另一个对象的表面上。
- "参考坐标系"下拉列表 视图 ▼：可以指定变换所用的坐标系。
- "使用轴点中心"按钮：可以围绕对象各自的轴点旋转或缩放一个或多个对象。
- "使用选择中心"按钮：可以围绕所选择对象共同的几何中心进行选择或缩放一个或多个对象。
- "使用变换坐标中心"按钮：围绕当前坐标系中心旋转或缩放对象。
- "选择并操纵"按钮：通过在视口中拖动"操纵器"来编辑对象的控制参数。
- "键盘快捷键覆盖切换"按钮：单击此按钮可以在"主用户界面"快捷键和"组"快捷键之间进行切换。
- "捕捉开关"按钮3：通过此按钮可以捕捉处于活动状态位置的3D空间的范围。
- "角度捕捉开关"按钮：通过此按钮可以设置旋转操作时的预设角度。
- "百分比捕捉开关"按钮%：按指定的百分比增加对象的缩放。
- "微调器捕捉开关"按钮：用于设置3ds Max中微调器的一次单击式增加或减少值。
- "编辑命名选择集"按钮：单击此按钮可以打开"命名选择集"对话框。

- "命名选择集"下拉列表 ▼：使用此列表可以调用选择集合。
- "镜像"按钮：单击此按钮可以打开"镜像"对话框来详细设置镜像场景中的物体。
- "对齐"按钮：将当前选择与目标选择进行对齐。
- "快速对齐"按钮：可立即将当前选择的位置与目标对象的位置进行对齐。
- "法线对齐"按钮：可打开"法线对齐"对话框来设置物体表面基于另一个物体表面的法线对齐。
- "放置高光"按钮：可将灯光或对象对齐到另一个对象上来精确定位其高光或反射。
- "对齐摄影机"按钮：将摄影机与选定面的法线进行对齐。
- "对齐到视图"按钮：通过"对齐到视图"对话框来将对象或子对象选择的局部轴与当前视口进行对齐。
- "切换场景资源管理器"按钮：单击此按钮可打开"场景资源管理器-场景资源管理器"对话框。
- "切换层资源管理器"按钮：单击此按钮可打开"场景资源管理器-层资源管理器"对话框。
- "切换功能区"按钮：单击此按钮可显示或隐藏Ribbon工具栏。
- "曲线编辑器"按钮：单击此按钮可打开"轨迹视图-曲线编辑器"面板。
- "图解视图"按钮：单击此按钮可打开"图解视图"面板。
- "材质编辑器"按钮：单击此按钮可打开"材质编辑器"面板。
- "渲染设置"按钮：单击此按钮可打开"渲染设置"面板。
- "渲染帧窗口"按钮：单击此按钮可打开"渲染帧窗口"面板。
- "渲染产品"按钮：单击此按钮可渲染当前激活的视图。
- "在Autodesk A360中渲染"按钮：单击此按钮可弹出"渲染设置：A360云渲染"面板。
- "打开Autodesk A360库"按钮：单击此按钮可直接在浏览器中打开Autodesk A360网站主页。

2. MassFX工具栏

3ds Max 2020的MassFX工具栏提供了用于为项目添加真实物理模拟的工具集，使用此工具栏可以快速访问"MassFX工具"面板，对场景中的物体设置动画模拟，如图1-41所示。

图1-41

常用参数解析

- 世界参数 ：打开"MassFX 工具"对话框并定位到"世界参数"面板。
- 模拟工具 ：打开"MassFX 工具"对话框并定位到"模拟工具"面板。
- 多对象编辑器 ：打开"MassFX 工具"对话框并定位到"多对象编辑器"面板。
- 显示选项 ：打开"MassFX 工具"对话框并定位到"显示选项"面板。
- 将选定项设置为动力学刚体 ：将未实例化的 MassFX 刚体修改器应用到每个选定对象，并将"刚体类型"设置为"动力学"，然后为对象创建单个凸面物理图形。如果选定对象已经具有 MassFX 刚体修改器，则现有修改器将更改为动力学，而不重新应用。
- 将选定项设置为运动学刚体 ：将未实例化的 MassFX 刚体修改器应用到每个选定对象，并将"刚体类型"设置为"运动学"，然后为每个对象创建一个凸面物理图形。如果选定对象已经具有 MassFX 刚体修改器，则现有修改器将更改为运动学，而不重新应用。
- 将选定项设置为静态刚体 ：将未实例化的 MassFX 刚体修改器应用到每个选定对象，并将"刚体类型"设置为"静态"，为对象创建单个凸面物理图形。如果选定对象已经具有 MassFX 刚体修改器，则现有修改器将更改为静态，而不重新应用。
- 将选定对象设置为mCloth对象 ：将未实例化的 mCloth 修改器应用到每个选定对象，然后切换到"修改"面板来调整修改器的参数。
- 从选定对象中移除mCloth ：从每个选定对象中移除 mCloth 修改器。

- 创建刚体约束 ：将新 MassFX 约束辅助对象添加到带有适合于刚体约束设置的项目中。刚体约束使平移、摆动和扭曲全部锁定，尝试在开始模拟时保持两个刚体在相同的相对变换中。
- 创建滑动约束 ：将新 MassFX 约束辅助对象添加到带有适合于滑动约束设置的项目中。滑动约束类似于刚体约束，但是启用受限的 Y 变换。
- 创建转枢约束 ：将新 MassFX 约束辅助对象添加到带有适合于转枢约束设置的项目中。转枢约束类似于刚体约束，但是"摆动1"限制为100°。
- 创建扭曲约束 ：将新 MassFX 约束辅助对象添加到带有适合于扭曲约束设置的项目中。扭曲约束类似于刚体约束，但是"扭曲"设置为无限制。
- 创建通用约束 ：将新 MassFX 约束辅助对象添加到带有适合于通用约束设置的项目中。通用约束类似于刚体约束，但"摆动1"和"摆动2"限制为45°。
- 建立球和套管约束 ：将新 MassFX 约束辅助对象添加到带有适合于球和套管约束设置的项目中。球和套管约束类似于刚体约束，但"摆动1"和"摆动2"限制为80°，且"扭曲"设置为无限制。
- 创建动力学碎布玩偶 ：设置选定角色作为动力学碎布玩偶。其运动可以影响模拟中的其他对象，同时也受这些对象影响。
- 创建运动学碎布玩偶 ：设置选定角色作为运动学碎布玩偶。其运动可以影响模拟中的其他对象，但不会受这些对象影响。
- 移除碎布玩偶 ：通过删除刚体修改器、约束和碎布玩偶辅助对象，从模拟中移除选定的角色。
- 将模拟实体重置为其原始状态 ：停止模拟，将时间滑块移动到第一帧，并将任意动力学刚体的变换设置为其初始变换。
- 开始模拟 ：从当前模拟帧运行模拟。默认情况下，该帧是动画的第一帧，但不一定是当前的动画帧。如果模拟正在运行，按钮会显示为已按下，单击此按钮将在当前模拟帧处暂停模拟。

- 开始没有动画的模拟：与"开始模拟"类似，只是模拟运行时时间滑块不会前进。
- 将模拟前进一帧：运行一个帧的模拟并使时间滑块前进相同量。

3. "动画层"工具栏

"动画层"工具栏主要为用户提供进行动画层相关设置的按钮，如图1-42所示。

图1-42

常用参数解析

- 启用动画层：单击该按钮可以打开"启用动画层"对话框。
- 选择活动层对象：选择场景中属于活动层的所有对象。
- 动画层列表：为选定对象列出所有现有层。列表中的每个层都含有切换图标，用于启用和禁用层以及从控制器输出轨迹包含或排除层。通过从列表中选择来设置活动层。
- 动画层属性：打开"层属性"对话框，该对话框可为层提供全局选项。
- 添加动画层：打开"创建新动画层"对话框，可以指定与新层相关的设置。执行此操作将为具有层控制器的各个轨迹添加新层。
- 删除动画层：移除活动层及其所包含的数据。删除前将会出现确认提示。
- 复制动画层：复制活动层的数据，并启用"粘贴活动动画层"和"粘贴新层"。
- 粘贴活动动画层：用复制的数据覆盖活动层控制器类型和动画关键点。
- 粘贴新建层：使用复制层的控制器类型和动画关键点创建新层。
- 塌陷动画层：只要活动层尚未禁用，就可以将其塌陷至下一层。如果活动层已禁用，则已塌陷的层将在整个列表中循环，直到找到可用层为止。
- 禁用动画层：从所选对象移除层控制器。基础层上的动画关键点还原为原始控制器。

4. "容器"工具栏

"容器"工具栏为用户提供有关容器处理的相关命令，如图1-43所示。

图1-43

常用参数解析

- 继承容器：将磁盘上存储的源容器加载到场景中。
- 利用所选内容创建容器：创建容器并将选定对象放入其中。
- 将选定项添加到容器中：单击该按钮可以打开"选择要添加到的容器"对话框，将场景中选择的对象添加到容器中。
- 从容器中移除选定对象：将选定的对象从其所属容器中移除。
- 加载容器：将容器定义加载到场景中并显示容器的内容。
- 卸载容器：保存容器并将其内容从场景中移除。
- 打开容器：使容器内容可编辑。
- 关闭容器：将容器保存到磁盘并防止对其内容进行任何进一步编辑。
- 保存容器：保存对打开的容器所做的所有编辑。
- 更新容器：从所选容器的 MAXC 源文件中重新加载其内容。
- 重新加载容器：将本地容器重置到最新保存的版本。
- 使所有内容唯一：选中"源定义"框中显示的容器并将其与内部嵌套的其他容器转换为唯一容器。
- 合并容器源：将最新保存的源容器版本加载到场景中，但不会打开任何可能嵌套在内部的容器。
- 编辑容器：允许编辑来源于其他用户的容器。
- 覆盖对象属性：忽略容器中各对象的显示设置，并改用容器辅助对象的显示设置。
- 覆盖所有锁定：仅对本地容器"轨迹视图""层次"列表中的轨迹暂时禁用锁定。

5. "层"工具栏

"层"工具栏里包含了对当前场景中的对象进行层操作的所有命令，如图1-44所示。当用户对场景中的对象设置为不同的层后，就可以通过选择层名称来快速在场景中选择物体，还可以通过

“场景资源管理器-层资源管理器”对话框快速对层内的对象进行隐藏、冻结等操作，如图1-45所示。

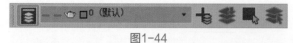

图1-44

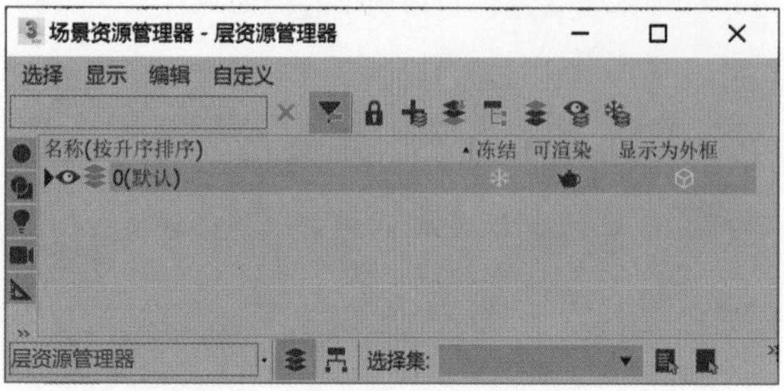

图1-45

常用参数解析

- 层管理器：弹出层管理器对话框。
- 图层列表：该列表显示层的名称及其属性。单击属性图标即可控制层的属性。只需从列表中将其选中即可使层成为当前层。
- 新建层：可以创建一个新层，该层包含当前选定的对象。
- 将当前选择添加到当前层：可以将当前选择的对象移动至当前层。
- 选择当前层中的对象：将选择当前层中包含的所有对象。
- 设置当前层为选择的层：可将当前层更改为包含当前选定对象的层。

6. “捕捉”工具栏

“捕捉”工具栏用于设置各种精准捕捉的方式，如图1-46所示。

图1-46

常用参数解析

- 捕捉到栅格点切换：捕捉到栅格交点。默认情况下，此捕捉类型处于启用状态。
- 捕捉到轴切换：允许捕捉对象的轴。
- 捕捉到顶点切换：捕捉到对象的顶点。
- 捕捉到端点切换：捕捉到网格边的端点或样条线的顶点。
- 捕捉到中点切换：捕捉到网格边的中点和样条线分段的中点。
- 捕捉到边/线段切换：捕捉沿着边（可见或不可见）或样条线分段的任何位置。
- 捕捉到面切换：在面的曲面上捕捉任何位置。
- 捕捉到冻结对象切换：可以捕捉到冻结对象上。
- 在捕捉中启用轴约束切换：启用此选项并通过“移动 Gizmo”或“轴约束”工具栏使用轴约束移动对象时，会将选定的对象约束为仅沿指定的轴或平面移动。

7. “渲染快捷方式”工具栏

“渲染快捷方式”工具栏可以进行渲染预设窗口设置，如图1-47所示。

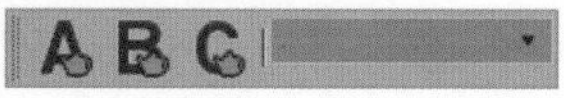
图1-47

常用参数解析

- 渲染预设窗口A：单击此按钮可以激活预设窗口A，需提前将预设指定给该按钮。
- 渲染预设窗口B：单击此按钮可以激活预设窗口B，需提前将预设指定给该按钮。
- 渲染预设窗口C：单击此按钮可以激活预设窗口C，需提前将预设指定给该按钮。
- 渲染预设：用于从预设渲染参数集中进行选择，也可以加载或保存渲染参数设置。

8. “状态集”工具栏

“状态集”工具栏为用户提供对“状态集”功能的快速访问，如图1-48所示。

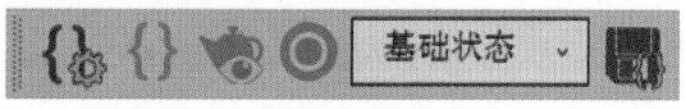

图1-48

常用参数解析

- 状态集：单击此工具将弹出“状态集”对话框，如图1-49所示。

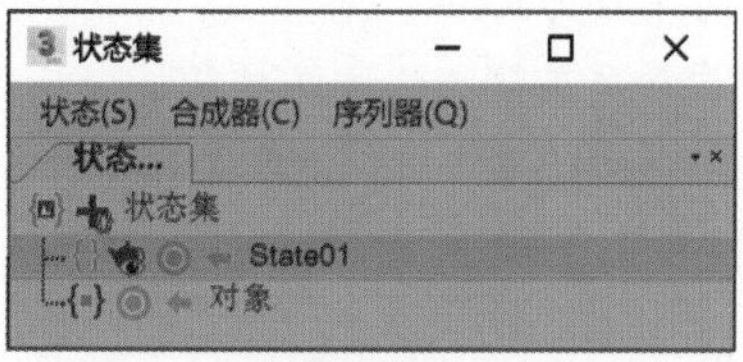

图1-49

- 切换状态集的活动状态：该按钮用于切换所选择的状态集是处于打开状态还是关闭状态。
- 切换状态集的可渲染状态：切换状态的渲染输出。
- 显示或隐藏状态集列表 基础状态 ：此下拉列表将显示与"状态集"对话框相同的层次。使用此列表可以激活状态，也可以访问其他状态集控件。
- 将当前选择导出至合成器链接：指定使用SOF格式的链接文件的路径和文件名。如果选择现有链接文件，"状态集"将使用现有数据，而不是覆盖该文件。

9. "笔刷预设"工具栏

当用户对"可编辑多边形"进行"绘制变形"时，即可激活"笔刷预设"工具栏来设置笔刷的效果，如图1-50所示。

图1-50

常用参数解析

- 笔刷预设管理器：单击此图标可打开"笔刷预设管理器"对话框，可从中添加、复制、重命名、删除、保存和加载笔刷预设。
- 添加新建预设：通过当前笔刷设置将新预设添加到工具栏，在第一次添加时系统会提示输入笔刷的名称。如果尝试超出笔刷预设（50）的最大数，则会出现警告对话框。该按钮后面提供了默认的五种大小不同的笔刷。

10. "轴约束"工具栏

当鼠标状态为移动工具时，可通过该工具栏内的图标命令来设置需要进行操作的坐标轴，如图1-51所示。

图1-51

常用参数解析

- 变换Gizmo X轴约束X：限制到X轴。
- 变换Gizmo Y轴约束Y：限制到Y轴。
- 变换Gizmo Z轴约束Z：限制到Z轴。
- 变换Gizmo XY平面约束XY：限制到XY平面。
- 在捕捉中启用轴约束切换XP：启用此选项

并通过"移动Gizmo"或"轴约束"工具栏使用轴约束移动对象时，会将选定的对象约束为仅沿指定的轴或平面移动。禁用此选项后，将忽略约束，并且可以将捕捉的对象平移任何尺寸。

11. "附加"工具栏

"附加"工具栏包含多个用于处理3ds Max场景的工具，如图1-52所示。

图1-52

常用参数解析

- 自动栅格：开启自动栅格有助于在一个对象上创建另一个对象。
- 测量距离：测量场景中两个对象之间的距离。
- 阵列：单击将显示"阵列"对话框，使用该对话框可以基于当前选择创建对象阵列。
- 快照：可以随时间克隆设置动画的对象。
- 间隔：可以基于当前选择沿样条线或一对点定义的路径分布对象。
- 克隆并对齐：可以基于当前选择将源对象分布到目标对象的第二选择上。

12. "项目"工具栏

"项目"工具栏包含用来进行项目设置的常用命令，如图1-53所示。

图1-53

常用参数解析

- 设置活动项目：将某个文件夹设置为当前项目的根目录。
- 创建空白：通过浏览硬盘路径来创建一个新的项目文件夹。
- 创建默认值：创建具有默认文件夹结构的新项目。
- 从当前创建：根据当前项目结果来创建新项目。

1.4.3　Ribbon 工具栏

Ribbon工具栏包含"建模""自由形式""选择""对象绘制"和"填充"五部分,通过在"主工具栏"后面的空白处右击,执行Ribbon命令即可显示出来,如图1-54所示。

图1-54

1. 建模

单击"显示完整的功能区"图标 可以向下将Ribbon工具栏完全展开。执行"建模"命令,Ribbon工具栏就可以显示出与多边形建模相关的命令,如图1-55所示。当鼠标未选择几何体时,该命令区域呈灰色显示。

图1-55

当鼠标选择几何体时,单击相应图标进入多边形的子层级后,此区域可显示相应子层级内的全部建模命令,并以非常直观的图标形式可见。如图1-56所示为多边形"顶点"层级内的命令图标。

图1-56

2. 自由形式

执行"自由形式"命令,其内部的命令图标如图1-57所示。需要选择物体才可激活相应图标命令的显示,通过"自由形式"选项卡内的命令可以用绘制的方式来修改几何形体的形态。

图1-57

3. 选择

执行"选择"命令,其内部的命令图标如图1-58所示。需要选择多边形物体并进入其子层级后才可激活图标显示状态。未选择物体时,此命令内部为空。

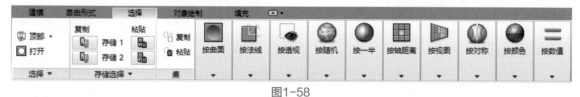

图1-58

4. 对象绘制

执行"对象绘制"命令,其内部命令图标如图1-59所示。此区域的命令允许为鼠标设置一个模型,以绘制的方式在场景中或物体对象表面进行复制。

图1-59

5. 填充

执行"填充"命令，可以快速地制作大量人群走动和闲聊场景。在建筑室内外的动画表现上，少不了角色这一元素。角色不仅仅可以为画面添加活泼的生气，还可以作为所要表现建筑尺寸的重要参考依据。其内部命令图标如图1-60所示。

图1-60

1.4.4　场景资源管理器

通过停靠在软件界面左侧的"场景资源管理器"面板，不仅可以很方便地查看、排序、过滤和选择场景中的对象，还可以在这里重命名、删除、隐藏和冻结场景中的对象，如图1-61所示。

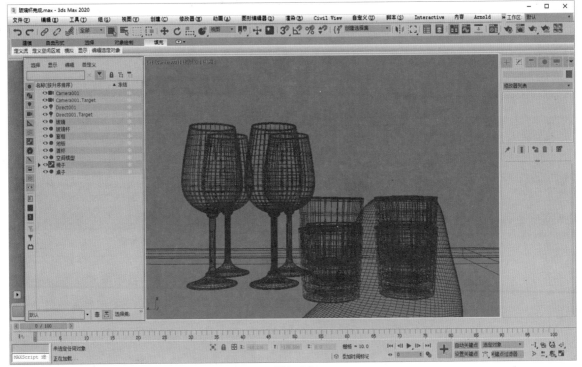

图1-61

1.4.5　工作视图

1. 工作视图的切换

在3ds Max 的整个工作界面中，工作视图区域占据了软件的大部分界面空间。默认状态下，工作视图分为"顶"视图、"前"视图、"左"视图和"透视"视图四种，如图1-62所示。

13

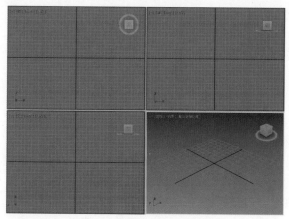

图1-62

可以单击软件界面右下角的"最大化视口切换"按钮 ▣ ，将默认的四视口区域切换至一个视口区域显示。

当视口区域为一个时，可以通过按下相应的快捷键来进行各个操作视口的切换。

切换至顶视图的快捷键：T。

切换至前视图的快捷键：F。

切换至左视图的快捷键：L。

切换至透视图的快捷键：P。

当选择了一个视图时，可按下组合键：Windows键+Shift键来切换至下一视图。

将鼠标移动至视口的左上方，在相应视口提示的文字上单击，可弹出下拉列表，从中也可以选择即将要切换的操作视图。从此下拉列表中也可以看出"后"视图和"右"视图无快捷键设置，如图1-63所示。

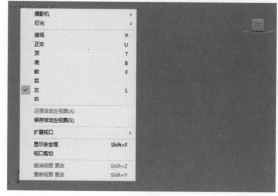

图1-63

单击3ds Max 2020界面左下角的"创建新的视口布局选项卡"按钮，还可以弹出"标准视口布局"对话框，用户可以选择自己喜欢的布局视口进行工作，如图1-64所示。

图1-64

2. 工作视图的显示样式

3ds Max 2020启动后，"透视"视图的默认显示样式为"默认明暗处理"，如图1-65所示。用户可以单击"默认明暗处理"文字，在弹出的下拉菜单中更换工作视图的其他显示样式，例如"线框覆盖"样式，如图1-66所示。

图1-65

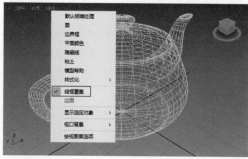

图1-66

除了上述所说的"默认明暗处理"和"线框覆盖"这两种常用的显示方式以外，还有"石墨""彩色铅笔""墨水"等多种不同的风格显示方式可供用户选择使用，如图1-67所示。

图1-67

1.4.6 命令面板

3ds Max软件界面的右侧即为"命令"面板。命令面板由"创建"面板、"修改"面板、"层次"面板、"运动"面板、"显示"面板和"实用程序"面板组成。

1. "创建"面板

如图1-68所示为"创建"面板，可以创建七种对象，分别是"几何体""图形""灯光""摄影机""辅助对象""空间扭曲"和"系统"。

图1-68

常用参数解析

- "几何体"按钮●：不仅可以用来创建"长方体""椎体""球体""圆柱体"等基本几何体，还可以创建出一些现成的建筑模型，如"门""窗""楼梯""栏杆"和"植物"等。
- "图形"按钮●：主要用来创建样条线和NURBS曲线。
- "灯光"按钮●：主要用来创建场景中的灯光。
- "摄影机"按钮●：主要用来创建场景中的摄影机。
- "辅助对象"按钮●：主要用来创建有助于场景制作的辅助对象，如对模型进行定位、测量等。
- "空间扭曲"按钮●：可以在围绕其他对象的空间中产生各种不同的扭曲方式。
- "系统"按钮●：将对象、链接和控制器组合在一起，以生成拥有行为的对象及几何体。包含"骨骼""环形阵列""太阳光""日光"和"Biped"这五个按钮。

2. "修改"面板

如图1-69所示为"修改"面板，用来调整所选择对象的修改参数，当鼠标未选择任何对象时，此面板里命令为空。

3. "层次"面板

如图1-70所示为"层次"面板，可以在这里访问调整对象间的层次链接关系，如父子关系。

图1-69 图1-70

常用参数解析

- "轴"按钮：该按钮下的参数主要用来调整对象和修改器中心位置，以及定义对象之间的父子关系和反向动力学IK的关节位置等。
- "IK"按钮：该按钮下的参数主要用来设置动画的相关属性。
- "链接信息"按钮：该按钮下的参数主要用来限制对象在特定轴中的变换关系。

4. "运动"面板

如图1-71所示为"运动"面板，主要用来调整选定对象的运动属性。

5. "显示"面板

如图1-72所示为"显示"面板，可以控制场景中对象的显示、隐藏、冻结等属性。

图1-71 图1-72

6. "实用程序"面板

如图1-73所示为"实用程序"面板，这里包含很多工具程序，在面板里只是显示其中的部分命令，其他的程序可以通过单击"更多…"按钮来进行查找。

图1-73

技巧与提示

面板命令过多显示不全时，可以上下拖动整个"命令"面板来显示出其他命令，也可以将鼠标放于"命令"面板的边缘处以拖曳的方式将"命令"面板的显示更改为显示两排或者更多，如图1-74所示。

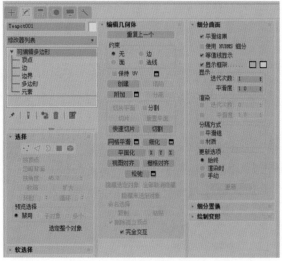

图1-74

1.4.7 时间滑块和轨迹栏

时间滑块位于视口区域的下方，是用来拖动以显示不同时间段内场景中物体对象的动画状态。默认状态下，场景中的时间帧数为100帧，帧数值可根据将来的动画制作需要进行更改。当按住时间滑块时，可以在轨迹栏上迅速拖动以查看动画的设置，在轨迹栏内的动画关键帧可以很方便地进行复制、移动及删除，如图1-75所示。

图1-75

技巧与提示

按下快捷键Ctrl+Alt+鼠标左键，可以保证时间轨迹右侧的帧位置不变而更改左侧的时间帧位置。

按下快捷键Ctrl+Alt+鼠标中键，可以保证时间轨迹的长度不变而改变两端的时间帧位置。

按下快捷键Ctrl+Alt+鼠标右键，可以保证时间轨迹左侧的帧位置不变而更改右侧的时间帧位置。

1.4.8 提示行和状态栏

提示行和状态栏可以显示出当前有关场景和活动命令的提示和操作状态，其位于时间滑块和轨迹栏的下方，如图1-76所示。

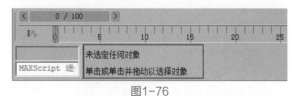

图1-76

1.4.9 动画控制区

动画控制区具有可以在视口中进行动画播放的时间控件。使用这些控件可随时调整场景文件中的时间来播放并观察动画，如图1-77所示。

图1-77

常用参数解析

- ：设置动画的模式，有自动关键点动画模式与设置关键点动画模式两种。
- "新建关键点的默认入/出切线"按钮：可设置新建动画关键点的默认内/外切线类型。
- "打开过滤器对话框"按钮：设置所选择物体的哪些属性可以设置关键帧。
- "转至开头"按钮：转至动画的初始位置。
- "上一帧"按钮：转至动画的上一帧。
- "播放动画"按钮：按下后会变成停止动画的按钮图标。
- "下一帧"按钮：转至动画的下一帧。
- "转至结尾"按钮：转至动画的结尾。

- 帧显示 [0]：转至当前动画的时间帧位置。
- "时间配置"按钮 🕐：单击后弹出"时间配置"对话框，可以进行当前场景内动画帧数的设定等操作。

1.4.10　视口导航

视口导航区域允许用户使用这些按钮在活动的视口中导航场景，位于整个3ds Max界面的右下方，如图1-78所示。

图1-78

常用参数解析

- "缩放"按钮 🔍：控制视口的缩放，可以在透视图或正交视图中通过拖曳鼠标的方式来调整对象的显示比例。
- "缩放所有视图"按钮 🔍：可以同时调整所有视图中对象的显示比例。
- "最大化显示选定对象"按钮 🔍：最大化显

示选定的对象，快捷键为Z。
- "所有视图最大化显示选定对象"按钮 🔍：在所有视口中最大化显示选定的对象。
- "视野"按钮 ▷：控制在视口中观察的"视野"。
- "平移视图"按钮 ✋：平移视图工具，快捷键为鼠标中键。
- "环绕子对象"按钮 🔄：单击此按钮可以进行环绕视图操作。
- "最大化视口切换"按钮 ⬜：控制一个视口与多个视口的切换。

1.5　3ds Max 2020 基础操作

1.5.1　创建文件

3ds Max 2020为用户提供了多种新建空白文件的创建方式，以确保用户可以随时使用一个空的场景来制作新的物体对象。最简单的方法是双击桌面上的3ds Max图标，即可创建一个新的3ds Max工程文件，如图1-79所示。

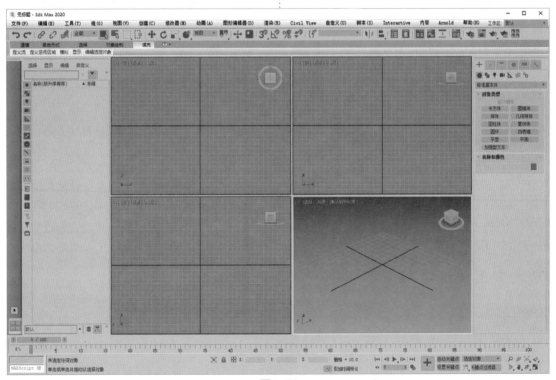

图1-79

1. 新建场景

当已经开始使用3ds Max制作项目后，突然想要重新创建一个新的场景时，则可以使用"新建场景"这一功能来实现。

01 执行菜单栏"文件/新建/新建全部"命令，即可创建一个空白的场景文件，如图1-80所示。

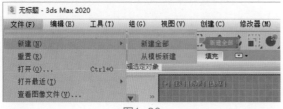

图1-80

02 这时，系统会自动弹出"3ds Max 2020即将退出"对话框，询问用户是否保留之前的场景，如图1-81所示。

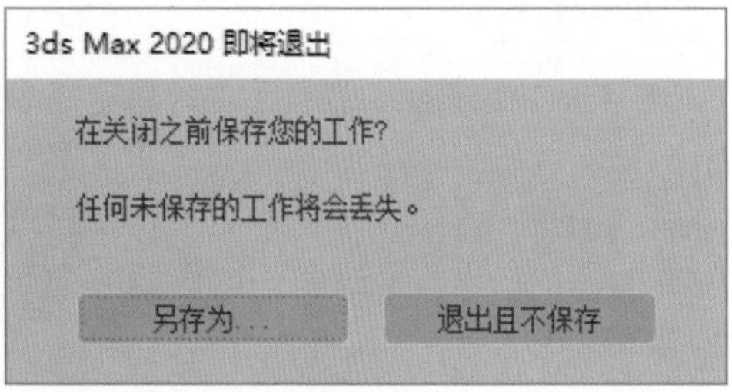

![3ds Max 2020 即将退出对话框]
3ds Max 2020 即将退出

在关闭之前保存您的工作？

任何未保存的工作将会丢失。

另存为... | 退出且不保存

图1-81

03 如果希望保存现有工程文件，单击"另存为"按钮即可；如果无须保存现有工程文件，那么单击"退出且不保存"按钮即可新建一个空白的场景文件。

2. 从模板创建场景

3ds Max 2020还为用户提供了一些场景模板文件，使用这些模板的具体操作步骤如下。

01 执行菜单栏"文件/新建/从模板创建"命令，如图1-82所示。

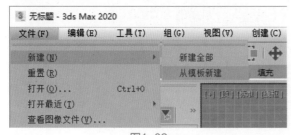

图1-82

02 系统自动弹出"创建新场景"对话框，用户可以先选择自己喜欢的场景，然后单击"创建新场景"按钮，如图1-83所示。这样，一个带有模板信息的新文件就创建完成了，如图1-84所示。

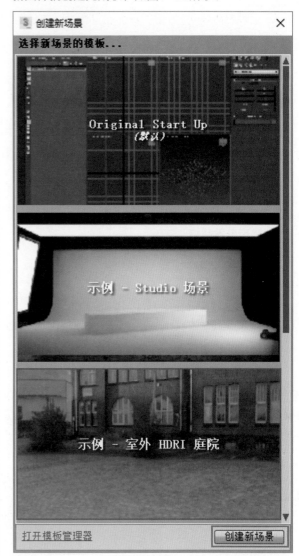

图1-83

3. 重置场景

除了上一小节所讲述的"新建场景"功能外，3ds Max还有一个很相似的功能叫作"重置"，其操作步骤如下。

01 执行菜单栏"文件/重置"命令，如图1-85所示。

图1-84

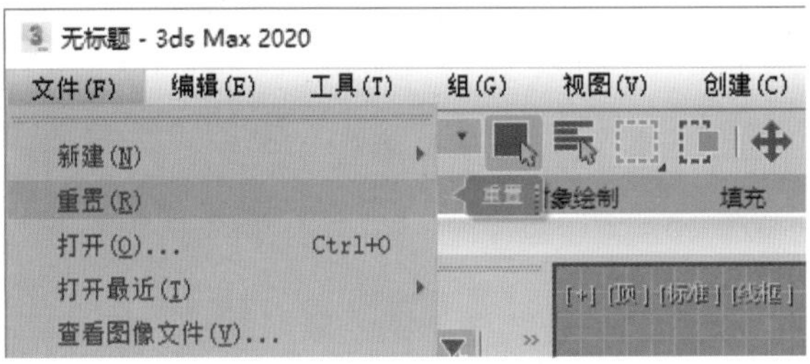

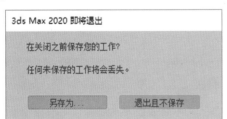

图1-85

02 系统自动弹出"3ds Max 2020即将退出"对话框，询问用户是否保留之前的场景，如图1-86所示。

3ds Max 2020 即将退出

在关闭之前保存您的工作？

任何未保存的工作将会丢失。

另存为... | 退出且不保存

图1-86

03 如果用户希望保存现有工程文件，单击"另存为"按钮即可；如果无须保存现有工程文件，那么单击"退出且不保存"按钮，系统接下来会自动弹出3ds Max对话框，询问用户是否确实需要重置，如

图1-87所示。单击"是"按钮后，3ds Max 2020则会重置为一个空白场景。

图1-87

1.5.2　对象选择

在大多数情况下，要在对象上执行某个操作，首先要选中此对象，因此，选择操作是建模和设置动画过程的基础。3ds Max是一种面向操作对象的程序，这说明场景中的每个对象都带有一些指令，这些指令随对象类型的不同而异。因为每个对象可以对不同的命令集做出响应，所以可通过先选择对象然后选择命令来操作。这种工作模式类似于"名词-动词"的工作流，先选择对象（名词），然后选择命令（动词）。因此，正确快速地选择对象，在整个3ds Max操作中显得尤为重要。

1.选择对象工具

"选择对象"按钮 🖱 是3ds Max 2020的重要的工具之一，方便在复杂的场景中选择单一或者多个对象。当用户想要选择一个对象并且又不想将其移动时，这个工具就是最佳选择。"选择对象"按钮 🖱 是3ds Max软件打开后的默认鼠标工具，其命令图标位于主工具栏上，如图1-88所示。

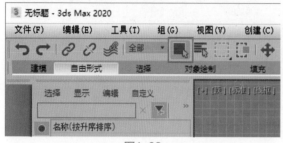

图1-88

2.区域选择

3ds Max 2020提供了多种区域选择的方式，以帮助用户方便快速地选择一个区域内的所有对象。"区域选择"共有"矩形选择区域"按钮 🔲、"圆形选择区域"按钮 ⬭、"围栏选择区域"按钮 🔷、"套索选择区域"按钮 ⬭ 和"绘制选择区域"按钮 🖌 这五种类型，如图1-89所示。

图1-89

当场景中的物体过多而需要大面积选择时，可以按下鼠标拖动出一片区域来进行选择。默认状态下，主工具栏上所激活的区域选择类型为"矩形选择区域"按钮 🔲，如图1-90所示。

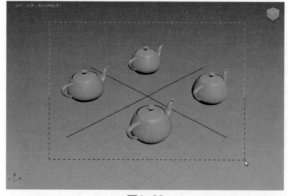

图1-90

在"主工具栏"上激活"圆形选择区域"按钮 ⬭ 时，按下鼠标并拖动即可在视口中以圆形的方式来选择对象，如图1-91所示。

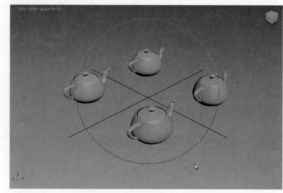

图1-91

在"主工具栏"上激活"围栏选择区域"按钮 🔷 时，按下鼠标并拖动即可在视口中以绘制直线选区的方式来选择对象，如图1-92所示。

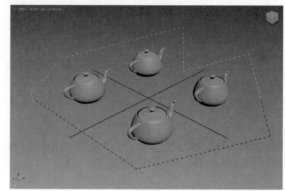

图1-92

在"主工具栏"上激活"套索选择区域"按钮 ⬭ 时，按下鼠标并拖动即可在视口中以绘制曲线选区的方式来选择对象，如图1-93所示。

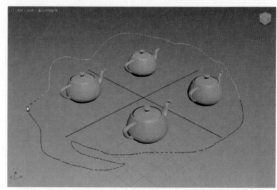

图1-93

在"主工具栏"上激活"绘制选择区域"按钮 🖌 时，按下鼠标并拖动即可在视口中以笔刷绘制选区的方式来选择对象，如图1-94所示。

图1-94

技巧与提示

使用"绘制选择区域"按钮来进行对象选择时，笔刷的大小在默认情况下可能较小，这时需要对笔刷的大小进行合理的设置。在主工具栏"绘制选择区域"按钮上单击鼠标右键，可以打开"首选项设置"面板。在"常规"选项卡内，找到"场景选择"选项组中的"绘制选择笔刷大小"参数即可进行调整，如图1-95所示。

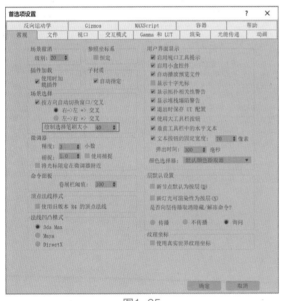

图1-95

3. 窗口与交叉模式选择

3ds Max 2020在选择多个物体对象时，提供了"窗口" 与"交叉" 两种模式进行选择。默认状态下为"交叉"选择，在使用"选择对象"按钮 绘制选框选择对象时，选择框内的所有对象以及与所绘制选框边界相交的任何对象都将被选中。

默认状态下，3ds Max系统的"窗口/交叉"图标为"交叉"状态 ，在视口中通过单击并拖动

鼠标的方式来选择对象时，仅仅需要框住所要选择对象的一部分，即可选中场景中的对象，如图1-96所示。

图1-96

单击"窗口/交叉"图标 ，可将选择的方式切换至"窗口"状态 。再次在视口中通过单击并拖动鼠标的方式来选择对象，这时只能选中完全在选择区域内部的对象，如图1-97所示。

图1-97

除了在主工具栏上可以切换"窗口"与"交叉"选择的模式，也可以像在AutoCAD软件中那样根据鼠标的选择方向自动在"窗口"与"交叉"之间进行选择上的切换。在菜单栏上执行"自定义/首选项"命令，如图1-98所示。

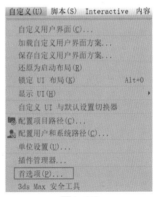

图1-98

在弹出的"首选项设置"面板中，在"常规"选项卡下的"场景选择"选项组里，勾选"按方向自动切换窗口/交叉"复选框即可，如图1-99所示。

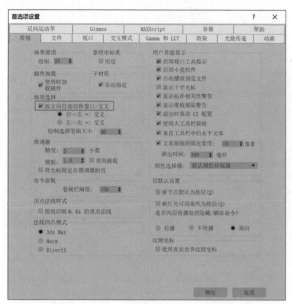

图1-99

4.按名称选择

在3ds Max 2020中可以通过使用"按名称选择"命令打开"从场景选择"对话框,使得用户无须单击视口便可以按对象的名称来选择对象,具体操作步骤如下。

01 在主工具栏上单击"按名称选择"按钮,这时会打开"从场景选择"对话框,如图1-100所示。

图1-100

02 默认状态下,当场景中有隐藏的对象时,"从场景选择"对话框内不会出现隐藏对象的名字,但是可以从"场景资源管理器"中查看被隐藏的对象。在3ds Max 2020中,更加方便的名称选择方式为直接在"场景资源管理器"中选择对象的名字,如图1-101所示。

03 在"从场景选择"对话框内文本框中输入所要查找对象的名称时,只需要输入首字符并单击"确认"按钮,即可将场景中所有与此首字符相同的名称对象同时选中,如图1-102所示。

图1-101

04 在显示对象类型栏中,还可以通过单击相对应图标的方式来隐藏指定的对象类型,如图1-103所示。

图1-102

图1-103

常用参数解析

- "显示几何体"按钮 ●：显示场景中的几何体对象名称。
- "显示图形"按钮 ▦：显示场景中的图形对象名称。
- "显示灯光"按钮 ♀：显示场景中的灯光对象名称。
- "显示摄影机"按钮 ▣：显示场景中的摄影机对象名称。
- "显示辅助对象"按钮 ▲：显示场景中的辅助对象名称。
- "显示空间扭曲"按钮 ≋：显示场景中的空间扭曲对象名称。
- "显示组"按钮 ▤：显示场景中的组名称。
- "显示对象外部参考"按钮 ◉：显示场景中的对象外部参考名称。
- "显示骨骼"按钮 ↘：显示场景中的骨骼对象名称。
- "显示容器"按钮 ▤：显示场景中的容器名称。
- "显示冻结对象"按钮 ❄：显示场景中被冻结的对象名称。
- "显示隐藏对象"按钮 ⊙：显示场景中被隐藏的对象名称。
- "显示所有"按钮 ▣：显示场景中所有对象

的名称。

- "不显示"按钮 ▣：不显示场景中的对象名称。
- "反转显示"按钮 ▣：显示当前场景中未显示的对象名称。

5. 对象组合

在制作项目时，如果场景中对象数量过多，选择起来会非常困难。这时，可以通过将一系列同类的模型或者是有关联的模型组合在一起。将对象成组后，可以视其为单个的对象，通过在视口中单击组中的任意一个对象来选择整个组，这样就大大方便了之后的操作。有关组的命令如图1-104所示。

图1-104

常用参数解析

- 组：可将对象或组的选择集组成为一个组。
- 解组：可将当前组分离为其组件对象或组。
- 打开：可以暂时对组进行解组并访问组内的对象。
- 按递归方式打开：可以打开分组中所有级别的组，使得用户可以选择组内的任意对象。
- 关闭：可重新组合打开的组。对于嵌套组，关闭最外层的组对象将关闭所有打开的内部组。
- 分离：可从对象的组中分离选定对象。
- 附加：可使选定对象成为现有组的一部分。
- 炸开：解组组中的所有对象，无论嵌套组的数量如何，这与"解组"不同，后者只解组一个层级。
- 集合：用来将选定的组设置为集合，包含集合、分解、打开等多个子命令。

6. 选择类似对象

3ds Max 2020为用户提供了一种快速选择场景里复制出来或使用同一命令创建出来的多个物体的方法，具体操作步骤如下。

01 启动3ds Max 2020软件，在"创建"面板中多次单击"茶壶"按钮，在场景中任意位置处创建五个茶壶对象，创建完成后，右击结束创建命令，如图1-105所示。

图1-105

02▷ 选择场景中任意一个茶壶对象，单击鼠标右键，在弹出的快捷菜单中选择并执行"选择类似对象"命令，如图1-106所示。

03▷ 场景中的茶壶对象将被快速地一并选中，如图1-107所示。

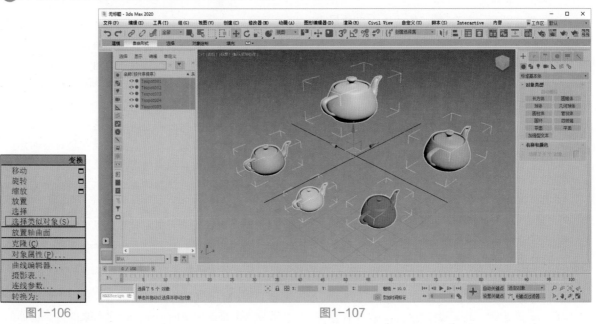

图1-106　　　　　　　　　　　　　　　　　　　　　　　　图1-107

1.5.3　变换操作

3ds Max 2020为用户提供了多个用于对场景中的对象进行变换操作的按钮，分别为"选择并移动"按钮✛、"选择并旋转"按钮C、"选择并均匀缩放"按钮▦、"选择并非均匀缩放"按钮▦、"选择并挤压"按钮▦、"选择并放置"按钮🎴和"选择并旋转"按钮🎴，如图1-108所示。使用这些工具可以很方便地改变对象在场景中的位置、方向及大小，并且还是在进行项目工作中，鼠标所保持的最常用状态。

图1-108

1. 变换操作切换

3ds Max 2020为用户提供了多种变换操作的切换方式。

第一种：通过单击"主工具栏"上对应的按钮直接切换变换操作。

第二种：通过单击鼠标右键弹出的四元菜单来选择相应的命令进行变换操作的切换，如图1-109所示。

第三种：3ds Max为用户提供了相应的快捷键来进行变换操作的切换："选择并移动"工具的快捷键是W；"选择并旋转"工具的快捷键是E；"选择并缩放"工具的快捷键是R；"选择并放置"工具的快捷键是Y。

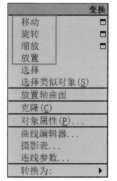

图1-109

2. 变换命令控制柄的更改

在3ds Max 2020中，使用不同的变换操作，其变换命令的控制柄显示也都有着明显区别，如图1-110～图1-113所示分别为变换命令是"移动""旋转""缩放"和"放置"状态下的控制柄显示状态。

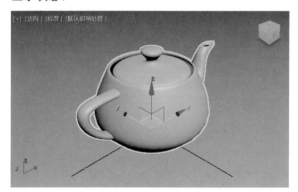

图1-110

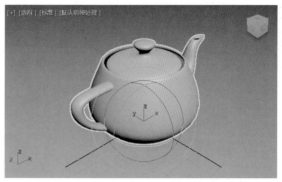

图1-111

图1-112

图1-113

对场景中的对象进行变换操作时，可以通过按下快捷键+来放大变换命令的控制柄显示状态；按下快捷键-可以缩小变换命令的控制柄显示状态，如图1-114和图1-115所示。

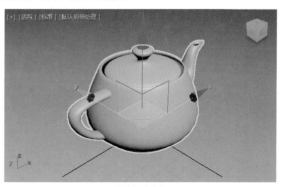

图1-114

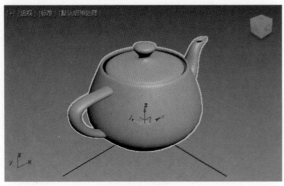

图1-115

3. 精确变换操作

通过变换控制手柄可以很方便地对场景中的物体进行变换操作，但是在精确性上不容易进行控制。这就需要通过一些方法对物体的变换操作加以掌控。3ds Max 2020为用户提供了多种精确控制变换操作的命令，例如数值输入、对象捕捉等。通过使用这些命令，用户可以更加精确地完成模型项目的制作。

1.5.4　文件存储

1. 保存

3ds Max 2020为用户提供了2种保存文件的途径。

第1种：执行菜单栏"文件/保存"命令，如图1-116所示。

第2种：按下组合键Ctrl+S，可以完成当前文件的存储。

2. 另存为

"另存为"是3ds Max中最常用的存储文件方式之一，使用这一功能，可以在确保不更改原文件的状态下，将新改好的MAX文件另存为一份新的文件，以供下次使用。执行菜单栏"文件/另存为"命令即可使用该功能，如图1-117所示。

图1-116　　　　图1-117

执行"另存为"命令后，3ds Max 会弹出"文件另存为"对话框，如图1-118所示。

图1-118

在"保存类型"下拉列表中，3ds Max 2020为用户提供了多种不同的保存文件版本以供选择，用户可根据自身需要将3ds Max 2020的文件另存为当前版本文件、3ds Max 2017文件、3ds Max 2018文件、3ds Max 2019文件或3ds Max 角色文件，如图1-119所示。

图1-119

3. 保存选定对象

"保存选定对象"功能可以允许用户将一个复杂场景中的某个模型或者某几个模型单独选择，执行菜单栏"文件/保存选定对象"命令，即可将所选择的对象单独保存为一个另外的独立文件，如图1-120所示。

图1-120

技巧与提示

"保存选定对象"命令需要在场景中先选择要单独保存出来的对象，才可激活该命令。

4. 归档

使用"归档"命令可以将当前文件、文件中所使用的贴图文件及其路径名称整理并保存为一个ZIP压缩文件。执行菜单栏"文件/归档"命令，即可完成文件的归档操作，如图1-121所示。在归档处理期间，3ds Max还会显示出日志窗口来创建压缩的归档文件。处理完成后，3ds Max会将生成的ZIP

文件存储在指定的路径文件夹内。

5. 自动备份

3ds Max在默认状态下为用户提供"自动备份"的文件存储功能，备份文件的时间间隔为5分钟，存储的文件为3份。当3ds Max程序因意外而产生关闭时，这一功能尤为重要。文件备份的相关设置可以执行菜单栏"自定义/首选项"命令，如图1-122所示。

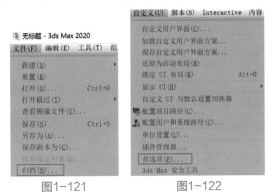

图1-121　　　　　　　　图1-122

打开"首选项设置"对话框，单击"文件"选项卡，在"自动备份"组里即可对相关设置进行修改，如图1-123所示。自动备份所保存的文件通常位于"文档/3ds Max 2020/autoback"文件夹内。

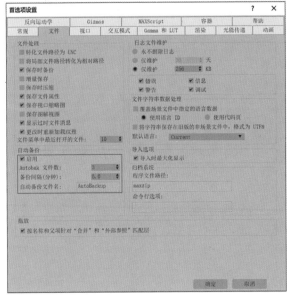

图1-123

6. 资源收集器

制作复杂的场景文件时，常常需要大量的贴图应用于模型上，这些贴图的位置可能在硬盘中极为分散，不易查找。使用3ds Max所提供的"资源收集器"命令，可以将当前文件所使用到的所有贴图

及IES光度学文件以复制或移动的方式放置于指定的文件夹内。在"实用程序"面板中，单击"实用程序"卷展栏内的"更多"按钮更多...，即可在弹出的"实用程序"对话框中选择"资源收集器"命令，如图1-124所示。

"资源收集器"面板中的参数如图1-125所示。

图1-124　　　　　　　　图1-125

常用参数解析

- 输出路径：显示当前输出路径。单击"浏览"按钮 浏览 可以更改此选项。

- "浏览"按钮 浏览 ：单击此按钮可选择用于输出的路径。

- "资源选项"组

  ※ 收集位图/光度学文件：启用后，"资源收集器"将场景位图和光度学文件放置到输出目录中。默认设置为启用。

  ※ 包括MAX文件：启用后，"资源收集器"将场景自身（.max文件）放置到输出目录中。

  ※ 压缩文件：启用后，将文件压缩到ZIP文件中，并将其保存在输出目录中。

  ※ 复制/移动：选择"复制"可在输出目录中制作文件的副本。选择"移动"可移动文件（该文件将从保存的原始目录中删除）。默认设置为"复制"。

  ※ 更新材质：启用后将更新材质路径。

  ※ "开始"按钮 开始 ：单击后根据此按钮上方的设置收集资源文件。

第2章

粉色主题儿童房
天光表现

2.1 效果展示

　　本实例为一个粉色主题的儿童房，实例的最终渲染结果及线框图如图2-1和图2-2所示。通过渲染结果，可以看出本实例中所要表现的灯光主要为天光照明效果。

图2-1

图2-2

　　打开本书配套场景文件"儿童房.max"，如图2-3所示。

图2-3

2.2 材质制作

下面将讲解实例中常用材质的制作方法。

2.2.1 制作灰白色背景墙材质

本实例中的背景墙两侧采用了带有欧式花纹元素的装饰设计，渲染结果如图2-4所示。

图2-4

01 打开"材质编辑器"面板。选择一个空白材质球，将其设置为VRayMtl材质，如图2-5所示。

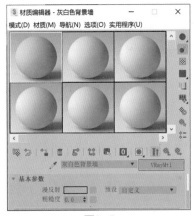

图2-5

02 在"基本参数"卷展栏中，设置"漫反射"的颜色为浅黄色，如图2-6所示。颜色的参数设置如图2-7所示。

图2-6

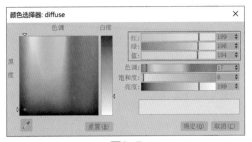

图2-7

03 展开"贴图"卷展栏，单击"反射"属性后的"无贴图"按钮，在弹出的"材质/贴图浏览器"对话框中选择"混合"贴图，如图2-8所示。这样，就为"反射"通道上添加了"混合"贴图命令，接下来，将"反射"的值设置为10.0，如图2-9所示。

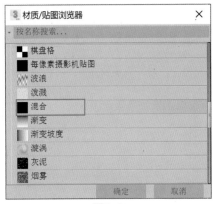

图2-8

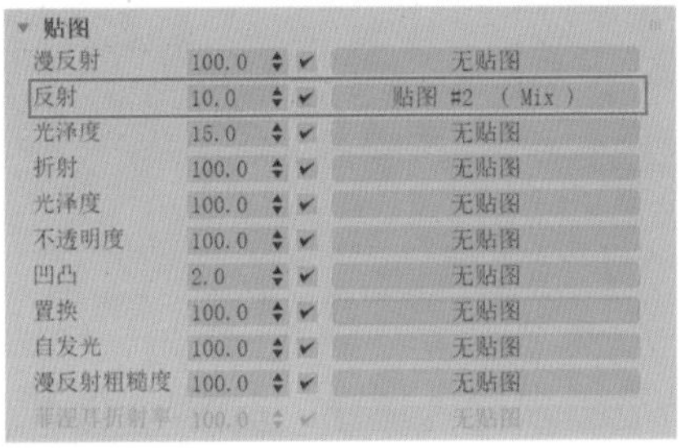

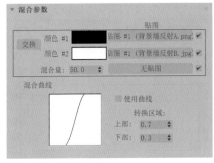

图2-9

04 展开"混合参数"卷展栏，分别为"颜色#1"和"颜色#2"属性添加"背景墙反射A.png"和"背景墙反射B.png"贴图文件，并设置"混合量"的值为50.0，如图2-10所示。

图2-10

05 回到"贴图"卷展栏中，将"反射"贴图通道中的贴图以拖曳的方式复制到"光泽度"和"凹凸"这两个属性上，并设置"光泽度"的值为15.0，设置"凹凸"的值为2.0，如图2-11所示。

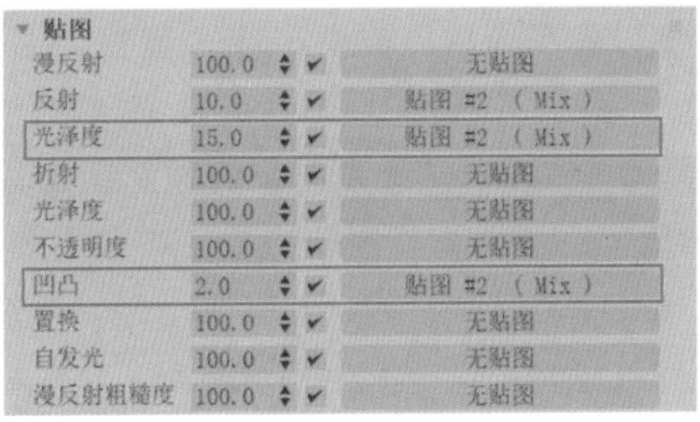

图2-11

06 制作完成后的灰白色背景墙材质球显示结果如图2-12所示。

图2-12

2.2.2 制作粉色墙体材质

本实例中的粉色墙体，从侧面角度上看具有一定的反光效果，渲染结果如图2-13所示。

图2-13

01 打开"材质编辑器"面板。选择一个空白材质球，将其设置为VRayMtl材质，如图2-14所示。

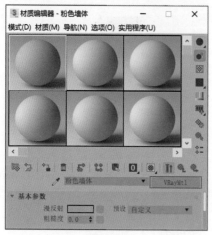

图2-14

02 在"基本参数"卷展栏中，设置"漫反射"的颜色为粉色，设置"反射"的颜色为白色，如图2-15所示。其中，"漫反射"的颜色参数设置如图2-16所示。需要读者注意的是，本书中所使用的白色和黑色指纯白色（红：255，绿：255，蓝：255）和纯黑色（红：0，绿：0，蓝：0），故不再给出颜色的参数设置截图。如果是其他颜色，则给出

具体的颜色参数供读者参考设置。

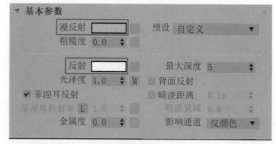

图2-15

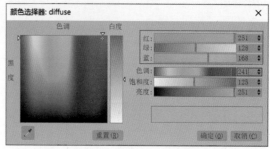

图2-16

03 在"贴图"卷展栏中，在"光泽度"贴图通道上加载一张"背景墙反射A.png"文件，并设置"光泽度"的强度值为100.0，制作出墙体的光泽表现细节，如图2-17所示。

贴图			
漫反射	100.0	✓	无贴图
反射	100.0	✓	无贴图
光泽度	100.0	✓	贴图 #43（背景墙反射A.png）
折射	100.0	✓	无贴图
光泽度	100.0	✓	无贴图
不透明度	100.0	✓	无贴图
凹凸	30.0	✓	无贴图

图2-17

04 制作完成后的粉色墙体材质球显示结果如图2-18所示。

图2-18

2.2.3　制作地板材质

本实例中的地板材质渲染结果如图2-19所示。

图2-19

01 打开"材质编辑器"面板。选择一个空白材质球，将其设置为VRayMtl材质，如图2-20所示。

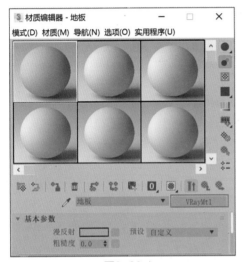

图2-20

02 在"贴图"卷展栏中，在"漫反射"的贴图通道上加载一张"地板.jpg"文件，制作出地板材质的表面纹理，设置完成后，再以拖曳的方式将"漫反射"通道上的贴图复制到"凹凸"属性的贴图通道上，并设置"凹凸"的值为30.0，如图2-21所示。

贴图			
漫反射	100.0	✔	贴图 #5（地板.jpg）
反射	100.0	✔	无贴图
光泽度	100.0	✔	无贴图
折射	100.0	✔	无贴图
光泽度	100.0	✔	无贴图
不透明度	100.0	✔	无贴图
凹凸	30.0	✔	贴图 #5（地板.jpg）
置换	100.0	✔	无贴图
自发光	100.0	✔	无贴图
漫反射粗糙度	100.0	✔	无贴图

图2-21

03 在"基本参数"卷展栏中，设置"反射"的颜色为白色，设置"光泽度"的值为0.7，制作出地板材质的高光及反射效果，如图2-22所示。

04 制作完成后的地板材质球显示结果如图2-23所示。

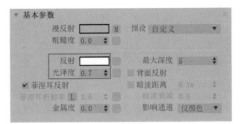

图2-22

图2-23

2.2.4　制作陶瓷杯子材质

本实例中床头柜里摆放的陶瓷杯子渲染结果如图2-24所示。

图2-24

01 打开"材质编辑器"面板。选择一个空白材质球，将其设置为VRayMtl材质，如图2-25所示。

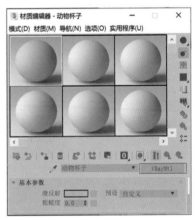

图2-25

02 在"贴图"卷展栏中，在"漫反射"的贴图通道上加载一张"杯子图案.jpg"文件，制作出陶瓷杯子材质的表面纹理，如图2-26所示。

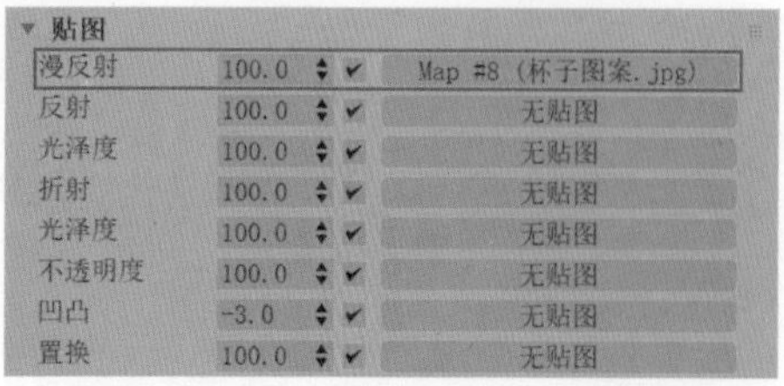

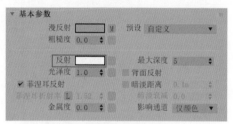

图2-26

03 在"基本参数"卷展栏中，设置"反射"的
颜色为白色，制作出陶瓷杯子材质的反射效果，如
图2-27所示。

图2-27

04 制作完成后的陶瓷杯子材质球显示结果如
图2-28所示。

图2-28

2.2.5 制作抱枕材质

本实例中的抱枕材质渲染结果如图2-29所示。

图2-29

01 打开"材质编辑器"面板。选择一个空白材质
球，将其设置为VRayMtl材质，如图2-30所示。

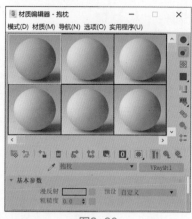

图2-30

02 在"基本参数"卷展栏中，设置"漫反射"的
颜色为粉色，设置"反射"的颜色为白色，设置"光
泽度"的值为0.3，如图2-31所示。"漫反射"颜
色的具体参数设置如图2-32所示。

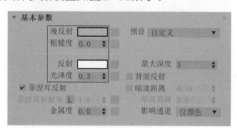

图2-31

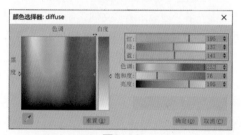

图2-32

03 在"贴图"卷展栏中，为"凹凸"属性的贴图
通道上加载一张"背景墙布纹.jpg"文件，并设置
"凹凸"的值为5.0，如图2-33所示。

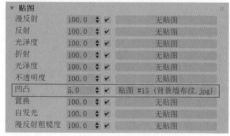

图2-33

04 制作完成后的抱枕材质球显示结果如图2-34
所示。

图2-34

2.2.6　制作蓝色玻璃材质

本实例中花盆下方盛水的蓝色玻璃器皿所表现
出来的玻璃材质渲染结果如图2-35所示。

图2-35

01　打开"材质编辑器"面板。选择一个空白材质
球，将其设置为VRayMtl材质，如图2-36所示。

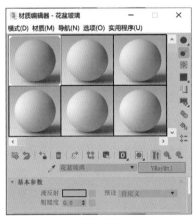

图2-36

02　在"基本参数"卷展栏中，设置"漫反
射""反射"和"折射"的颜色均为白色，设置"烟
雾颜色"为蓝色，如图2-37所示。"烟雾颜色"的
参数设置如图2-38所示。

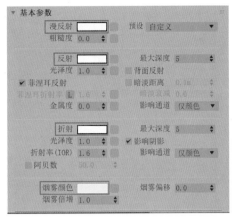

图2-37

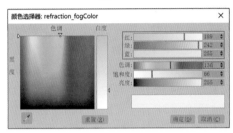

图2-38

03　制作完成后的玻璃材质球显示结果如图2-39
所示。

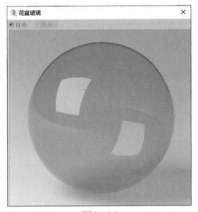

图2-39

2.2.7　制作金色金属材质

本实例中床头灯的
灯线采用了金色的金属
材质，渲染结果如图2-40
所示。

01　打开"材质编辑器"
面板。选择一个空白材质
球，将其设置为VRayMtl材质，如图2-41所示。

图2-40

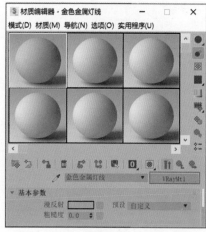

图2-41

02 在"基本参数"卷展栏中,设置"漫反射"的颜色为深棕色,设置"反射"的颜色为土黄色,设置"光泽度"的值为0.8,并取消勾选"菲涅耳反射"选项,如图2-42所示。其中,"漫反射"的颜色参数设置如图2-43所示。"反射"的颜色参数设置如图2-44所示。

图2-42

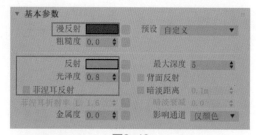

图2-43

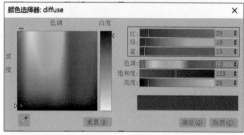

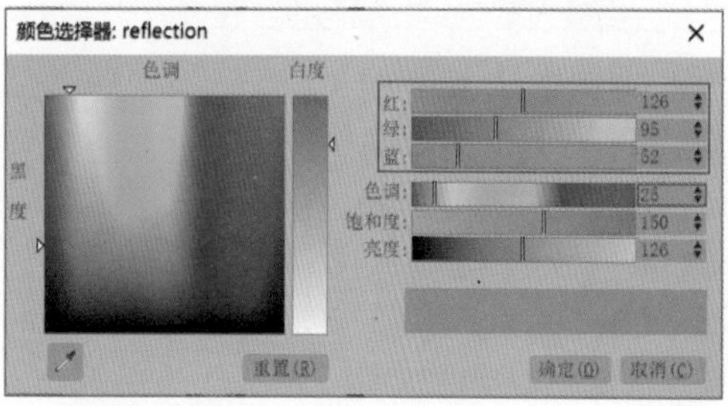

图2-44

03 制作完成后的金色金属材质球显示结果如图2-45所示。

图2-45

2.2.8 制作未刷漆的木头材质

本实例中床头柜上摆放的木头人采用了未刷漆的木头纹理材质,渲染结果如图2-46所示。

图2-46

01 打开"材质编辑器"面板。选择一个空白材质球,将其设置为VRayMtl材质,如图2-47所示。

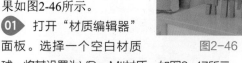

图2-47

02 在"贴图"卷展栏中,为"漫反射"贴图通道上添加一张"木纹.jpg"文件,再以拖曳的方式将"漫反射"贴图通道上的贴图复制到"凹凸"属性上,设置"凹凸"的强度值为10.0,制作出木纹材质的表面纹理和凹凸细节,如图2-48所示。

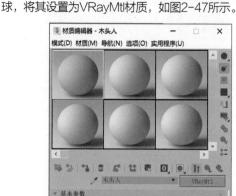

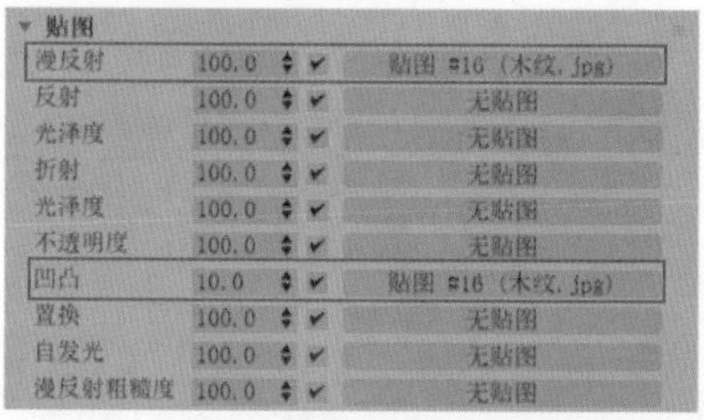

图2-48

03 在"基本参数"卷展栏中，设置"反射"的颜色为白色，设置"光泽度"的值为0.3，降低木头材质的反光效果，如图2-49所示。

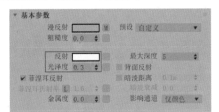

图2-49

04 制作完成后的木头材质球显示结果如图2-50所示。

图2-50

2.2.9　制作床单材质

本实例中的床单主要表现为带有卡通图案的布纹质感，渲染结果如图2-51所示。

图2-51

01 打开"材质编辑器"面板。选择一个空白材质球，将其设置为VRayMtl材质，如图2-52所示。

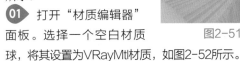

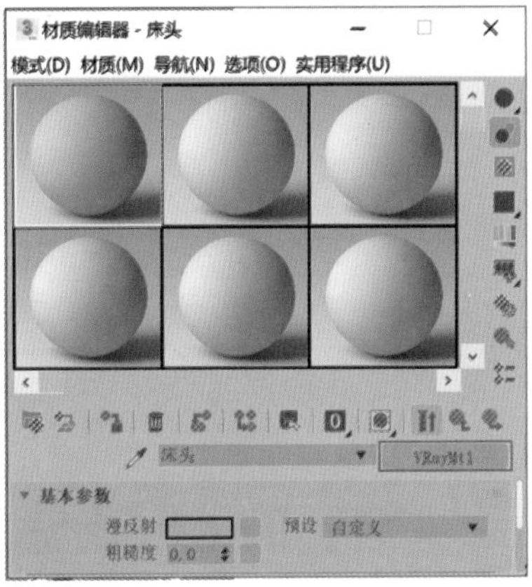

图2-52

02 在"贴图"卷展栏中，为"漫反射"贴图通道上添加一张"床垫图案A.jpg"文件，制作出床单材质的表面纹理。为"凹凸"贴图通道上添加一张"背景墙布纹.jpg"文件，设置"凹凸"的值为10.0，制作出床单材质的凹凸效果，如图2-53所示。

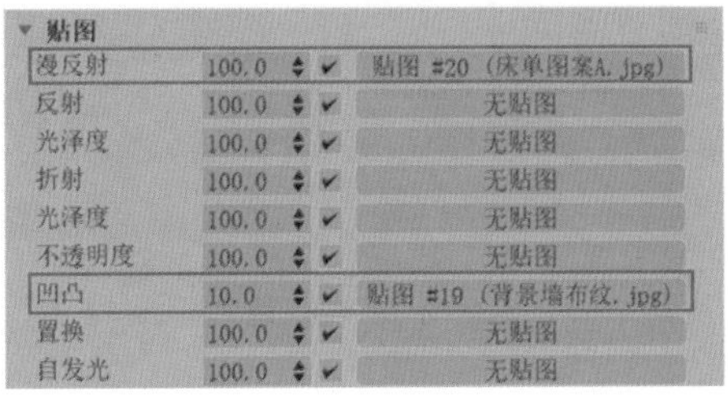

图2-53

03 制作完成后的床单材质球显示结果如图2-54所示。

图2-54

2.2.10　制作白纱窗帘材质

本实例中白纱窗帘渲染结果如图2-55所示。

图2-55

01 打开"材质编辑器"面板。选择一个空白材质球，将其设置为VRayMtl材质，如图2-56所示。

02 在"基本参数"卷展栏中，设置"漫反射"的颜色为白色，设置"折射"的颜色为灰色，设置"光泽度"的值为0.95，如图2-57所示。"折射"的颜色参数设置如图2-58所示。

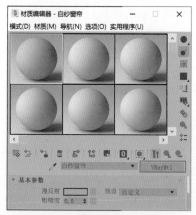

图2-56

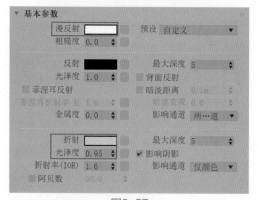

图2-57

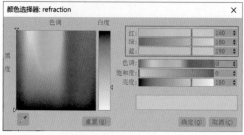

图2-58

03 制作完成后的白纱窗帘材质球显示结果如图2-59所示。

图2-59

2.2.11　制作灯光材质

本实例中的床头灯灯泡使用了灯光材质，渲染结果如图2-60所示。

图2-60

01 打开"材质编辑器"面板。选择一个空白材质球，将其设置为VRay灯光材质，如图2-61所示。

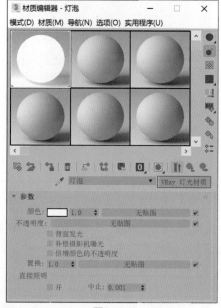

图2-61

02 在"参数"卷展栏中，设置"颜色"的值为80.0，提高VRay灯光材质的发光强度，如图2-62所示。

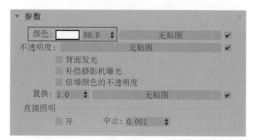

图2-62

03 制作完成后的灯光材质球显示结果如图2-63所示。

图2-63

2.2.12　制作窗外环境材质

本实例中窗外环境材质的渲染结果如图2-64所示。

图2-64

01 打开"材质编辑器"面板。选择一个空白材质球，将其设置为VRay灯光材质，如图2-65所示。

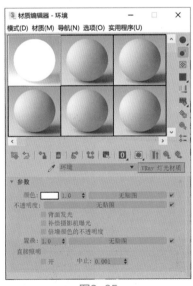

图2-65

02 在"参数"卷展栏中，在"颜色"贴图通道上添加一张"窗外.jpg"文件，并设置"颜色"的值为50.0，如图2-66所示。

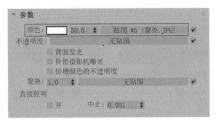

图2-66

03 制作完成后的窗外环境材质球显示结果如图2-67所示。

图2-67

技术专题 VRayMtl 材质参数解析

VRayMtl材质是VRay渲染器为用户提供的专业材质球，可以用来制作日常生活中的各种材质。只有将渲染器先设置为VRay渲染器后，才可以在"材质编辑器"面板中将材质球设置为VRayMtl材质球，同时，材质球的显示效果也会发生相应改变，如图2-68所示为切换了VRay渲染器前后的材质球显示对比。

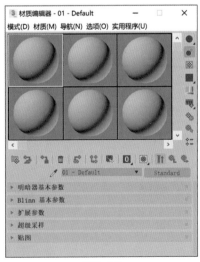

图2-68

将材质球设置为VRayMtl材质后，在"材质编辑器"面板中可以看到"基本参数""镀膜参数""闪耀参数""双向反射分布函数""选项"和"贴图"这6个卷展栏，如图2-69所示。

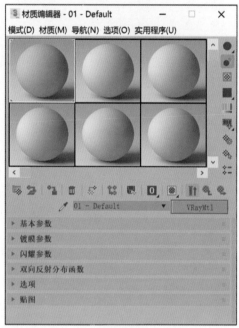

图2-69

下面将介绍其中较为常用的参数。

1. "基本参数"卷展栏

"基本参数"卷展栏中的参数设置如图2-70所示。

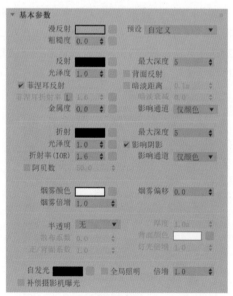

图2-70

常用参数解析

- 漫反射：物体的漫反射用来决定物体的表面颜色，通过"漫反射"后面的方块按钮可以为物体表面指定贴图，如果未指定贴图，可以通过漫反射的色块来为物体指定表面色彩。

- 预设：VRayMtl材质自带的一些较为常用的材质预设参数，用户可以选择对应的预设来快速制作出自己想要的材质效果，如图2-71所示。

- 粗糙度：数值越大，粗糙程度越明显。

- 反射：用来控制材质的反射程度，根据色彩的灰度来计算。颜色越白反射越强；颜色越黑反射越弱。当反射的颜色是其他颜色时，则控制物体表面的反射颜色，如图2-72所示为默认勾选了"菲涅耳反射"选项后，"反射"颜色分别为黑色和白色的材质渲染结果对比。

图2-71

- 光泽度：控制材质反射的模糊程度，真实世界中的物体大多有着或多或少的反射光泽度，当"反射光泽度"为1时，代表该材质无反射模糊，"反射光泽度"的值越小，反射模糊的现象越明显，计算也越慢。如图2-73所示为该值分别是1和0.5的材质渲染结果对比。

图2-72

 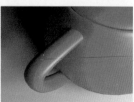

图2-73

- 菲涅耳反射：当勾选该选项后，反射强度会与物体的入射角度有关系，入射角度越小，反射越强烈。取消勾选该选项后，材质的反射效果看起来非常接近金属质感，如图2-74所示为该选项处于勾选状态和未勾选状态的材质渲染结果对比。

图2-74

- 菲涅耳折射率：在"菲涅耳反射"中，菲涅耳现象的强弱衰减可以使用该选项来调节。
- 最大深度：控制反射的次数，数值越高，反射的计算耗时越长。
- 金属度：用于控制材质的金属模拟效果，如图2-75所示为该值分别是0和1的渲染结果对比。

图2-75

- 折射：和反射的控制方法一样。颜色越白，物体越透明，折射程度越高，如图2-76所示分别为"折射"设置成灰色和浅白色的渲染结果对比。

图2-76

- 光泽度：用来控制物体的折射模糊程度，如图2-77所示为该值分别是1和0.8的渲染结果对比。

图2-77

- 影响阴影：此选项用来控制透明物体产生的通透的阴影效果。
- 折射率（IOR）：用来控制透明物体的折射率，如图2-78所示为该值分别是1.3（水）和2.4（钻石）的渲染结果对比。

图2-78

- 最大深度：用来控制计算折射的次数。
- 烟雾颜色：可以让光线通过透明物体后使得光线减少，用来控制透明物体的颜色，如图2-79所示为设置了不同烟雾颜色的渲染结果对比。

图2-79

- 烟雾倍增：用来控制透明物体颜色的强弱，如图2-80所示分别为该值是0.5和0.1的渲染结果对比。

图2-80

- 半透明：半透明效果的类型共有"无""硬（蜡）模型""软（水）模型""混合模型"四种，如图2-81所示。

图2-81

- 背面颜色：用来控制半透明效果的颜色。
- 厚度：用来控制光线在物体内部被追踪的深度，也可以理解为光线的最大穿透能力。
- 散布系数：物体内部的散射总量。
- 正/背面系数：控制光线在物体内部的散射方向。
- 灯光倍增：设置光线穿透能力的倍增值，值越大，散射效果越强。

- 自发光：用来控制材质的发光属性，通过色块可以控制发光的颜色。
- 全局照明：用于设置该材质是否应用于全局照明。

2. "镀膜参数"卷展栏

展开"镀膜参数"卷展栏，其中的参数设置如图2-82所示。

图2-82

常用参数解析

- 镀膜量：用于设置镀膜涂层的厚度。
- 镀膜颜色：用于设置镀膜涂层的颜色，如图2-83所示为将蓝色材质球的"镀膜颜色"分别设置为黄色和红色的渲染结果对比。

图2-83

- 镀膜光泽度：用于设置镀膜涂层的光泽度。
- 镀膜折射率：用于设置镀膜涂层的折射率。

3. "闪耀参数"卷展栏

展开"闪耀参数"卷展栏，其中的参数设置如图2-84所示。

图2-84

常用参数解析

- 闪耀颜色：用于设置闪耀的颜色。
- 闪耀光泽度：用于设置闪耀的光泽度。

2.3 摄影机参数设置

01 在"创建"面板中，将"摄影机"的下拉列

切换至VRay，单击"（VR）物理摄影机"按钮，如图2-85所示。

图2-85

02 在"顶"视图中儿童房的门口位置处创建一个（VR）物理摄影机，如图2-86所示。

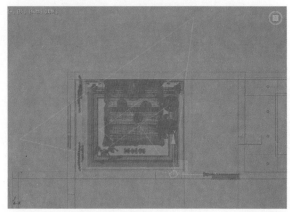
图2-86

03 在"前"视图中，调整摄影机及摄影机目标点的位置至如图2-87所示。

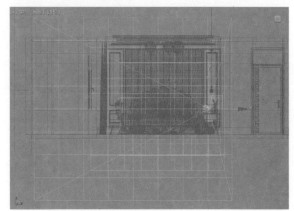
图2-87

04 选择场景中的摄影机，在"修改"面板中，展开"传感器和镜头"卷展栏，设置"胶片规格（毫米）"的值为75.0，如图2-88所示。

05 设置完成后，按下C键，切换至"摄影机"视图，儿童房的摄影机展示角度如图2-89所示。

图2-88

图2-89

2.4　灯光设置

本实例主要表现天光的照射效果，具体操作步骤如下。

2.4.1　制作天光照明效果

01 在"创建"面板中，将"灯光"的下拉列表切换至VRay，单击"（VR）灯光"按钮，如图2-90所示。

图2-90

02 在"左"视图中，在儿童房的窗户位置处创建一个"（VR）灯光"，如图2-91所示。

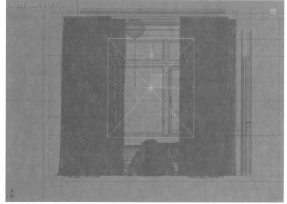

图2-91

03 按下F键，切换至"前"视图。调整"（VR）灯光"的位置至如图2-92所示，使其位于儿童房窗户的外面。

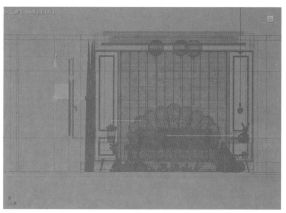

图2-92

04 在"修改"面板中，展开"常规"卷展栏。设置"倍增"值为200.0，设置"颜色"为浅蓝色，如图2-93所示。其中，"颜色"的参数设置如图2-94所示。

图2-93

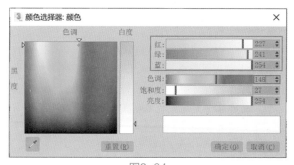

图2-94

2.4.2　制作补光

01 为场景设置补光，用来模拟从房间门口位置处照射进房间的天光效果。在"顶"视图中，将上一节所创建的灯光选中，按住Shift键，以拖曳的方式复制出一个"（VR）灯光"，并调整其位置和角度至如图2-95所示。

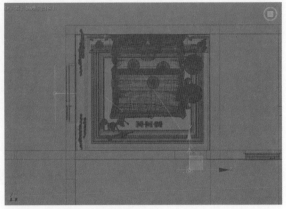

图2-95

02 在"修改"面板中，展开"常规"卷展栏，设置灯光的"倍增"值为100.0，设置"颜色"为白色，如图2-96所示。

图2-96

技术专题 摄影机与灯光的强度关系

灯光的"倍增"值用来设置该灯光的照明强度。当使用VRay渲染器来渲染场景时，灯光的照明强度一般要根据场景中所使用的摄影机类型来进行设置。在本实例中，由于使用的摄影机为VRay渲染器提供的"（VR）物理摄影机"，如图2-97所示，所以，场景中主要灯光的"倍增"值设置得就非常大，如图2-98所示。只有这样，灯光的照明强度才能够照亮整个房间。读者还可以看一下本实例中所使用的灯光材质，其"颜色"值也设置得比较高。

图2-97

图2-98

如果本实例的摄影机采用的是3ds Max自带的"物理"摄影机，如图2-99所示。那么，灯光的"倍增"值只需要很小就可以使灯光达到足够照亮房间的强度，如图2-100所示。在本书的第三章使用的就是"物理"摄影机，读者可以仔细看一下场景中灯光的"倍增"值以及灯光材质的"颜色"值设置情况。

图2-99　　　　　　　　图2-100

2.5　渲染及后期设置

2.5.1　渲染设置

01 打开"渲染设置：V-Ray 5"面板，可以看到本场景已经预先设置完成使用VRay渲染器渲染场景，如图2-101所示。

图2-101

02 在"公用参数"选项卡中，设置渲染输出图像的"宽度"为1200，"高度"为900，如图2-102所示。

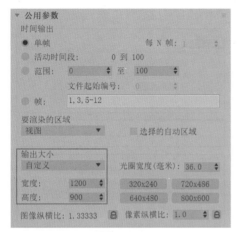

图2-102

03 在V-Ray选项卡中，展开"图像采样器（抗锯齿）"卷展栏，设置渲染的"类型"为"渲染块"，如图2-103所示。

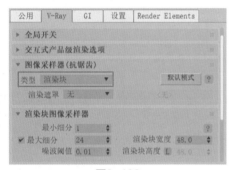

图2-103

04 在GI选项卡中，展开"全局照明"卷展栏，设

置"首次引擎"的选项为"发光贴图"，设置"饱和度"的值为0.1，如图2-104所示。

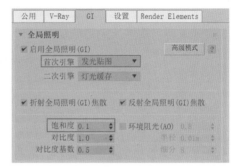

图2-104

05 在"发光贴图"卷展栏中，将"当前预设"选择为"自定义"，并设置"最小比率"和"最大比率"的值均为-1，如图2-105所示。

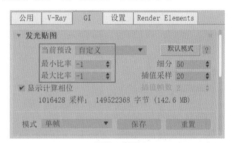

图2-105

06 设置完成后，渲染场景，渲染结果如图2-106所示。

图2-106

2.5.2 后期处理

01 在"V-Ray帧缓冲区"面板中，可以对渲染出来的图像进行细微调整。单击"图层"选项卡中的"创建图层"按钮，如图2-107所示。

图2-107

02 在弹出的下拉菜单中单击"曲线"命令，如图2-108所示。

图2-108

03 添加"曲线"图层后，选择该图层，可以看到"属性"卷展栏中会出现对应的一些参数，如图2-109所示。

04 在"曲线"卷展栏中，调整曲线的形态，如图2-110所示，可以提高渲染图像的亮度。

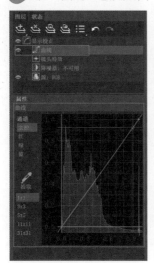

图2-109   图2-110

05 以相同的方式添加一个"曝光"图层，在"曝光"卷展栏中，设置"对比度"的值为0.200，如图2-111所示，增加图像的层次感。

图2-111

06 以相同的方式添加一个"色相/饱和度"图层，在"色相/饱和度"卷展栏中，设置"饱和度"的值为0.200，如图2-112所示，提升画面的颜色鲜艳程度。

图2-112

07 本实例的最终图像渲染结果如图2-113所示。

图2-113

第 3 章

新中式风格卧室
日光表现

3.1 效果展示

　　本实例为新中式装修风格的卧室表现效果，在设计上通过使用大量简化传统花纹的木制家具，将现代元素与传统元素结合在一起，实例的最终渲染结果及线框图如图3-1和图3-2所示。通过渲染结果，可以看出本实例中所要表现的灯光主要为日光照明效果。

图3-1

图3-2

　　打开本书配套场景文件"新中式风格卧室.max"，如图3-3所示。接下来将较为典型的常用材质进行详细讲解。

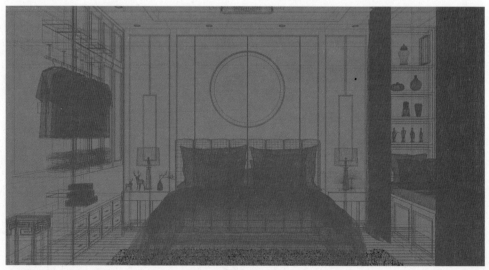

图3-3

3.2　材质制作

3.2.1　制作家具木纹材质

在进行室内设计时，为了让空间中的家具看起来更搭配一些，可以考虑通过为这些家具赋予同一种木纹材质来体现出这种效果。本实例中的背景墙、飘窗、衣柜、床头柜及墙角边的凳子均使用同一种木纹材质，渲染结果如图3-4所示。

图3-4

01 打开"材质编辑器"面板。选择一个空白材质球，将其设置为VRayMtl材质，如图3-5所示。

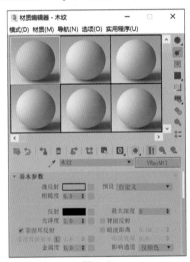

图3-5

02 在"基本参数"卷展栏中，单击"漫反射"属性后面的方块按钮，在弹出的"材质/贴图浏览器"对话框中选择"位图"命令，如图3-6所示。

图3-6

03 单击"确定"按钮后，在自动弹出的"选择位图图像文件"对话框中将"浅色木纹.jpg"贴图文件添加进来，制作出该材质球的表面纹理，如图3-7所示。

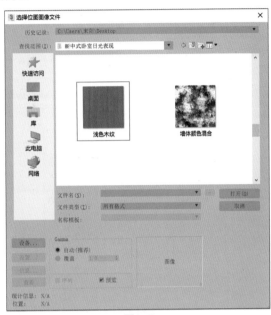

图3-7

04 设置"反射"的颜色为白色，"光泽度"的值为0.75，制作出木纹材质球的高光及反射效果，如图3-8所示。

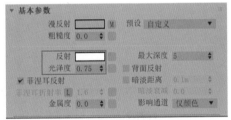

图3-8

05 制作完成后的木纹材质球显示结果如图3-9所示。

图3-9

3.2.2 制作墙体材质

为了增加墙体的细节表现，本实例中的墙体在设计上力求体现出一定的布纹凹凸质感，渲染结果如图3-10所示。

图3-10

01 打开"材质编辑器"面板。选择一个空白材质球，将其设置为VRayMtl材质，如图3-11所示。

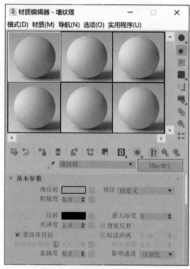

图3-11

02 在"基本参数"卷展栏中，设置"漫反射"的颜色为白色，如图3-12所示。

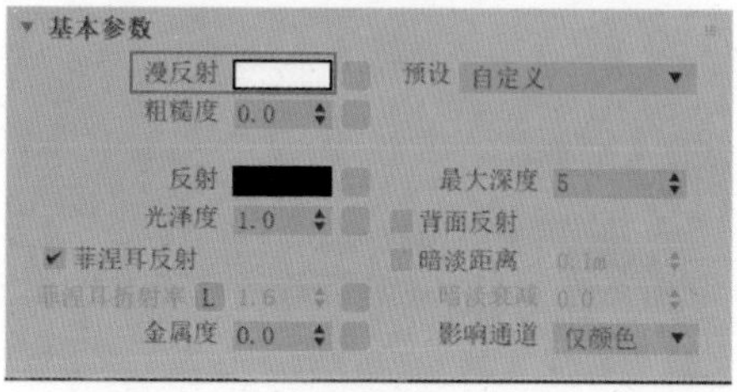

图3-12

03 在"贴图"卷展栏中，在"凹凸"贴图通道上加载一张"深一点的布纹.jpg"文件，并设置"凹凸"的强度值为30.0，制作出墙体的凹凸质感，如图3-13所示。

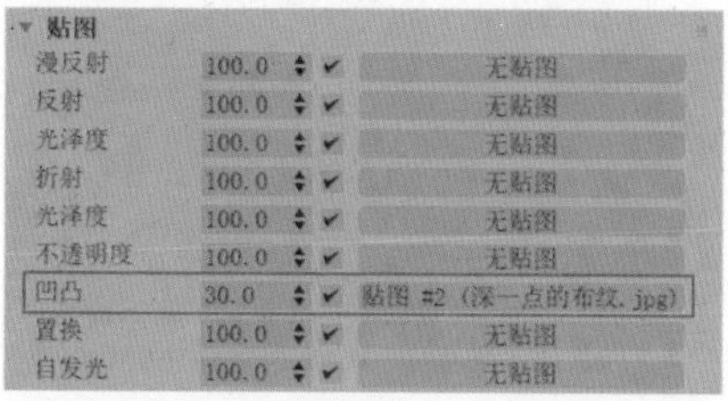

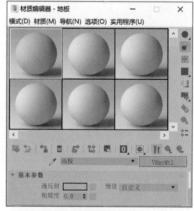

图3-13

04 制作完成后的墙体纹理材质球显示结果如图3-14所示。

图3-14

3.2.3 制作地板材质

本实例中的地板材质渲染结果如图3-15所示。

图3-15

01 打开"材质编辑器"面板。选择一个空白材质球，将其设置为VRayMtl材质，如图3-16所示。

图3-16

02 在"贴图"卷展栏中，在"漫反射"的贴图通道上加载一张"地板纹理.jpg"文件，制作出地板材质的表面纹理，如图3-17所示。

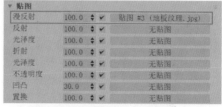

图3-17

03 在"基本参数"卷展栏中，设置"反射"的颜色为白色，设置"光泽度"的值为0.7，制作出地板材质的高光及反射效果，如图3-18所示。

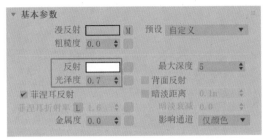

图3-18

04 制作完成后的地板材质球显示结果如图3-19所示。

图3-19

3.2.4 制作窗户玻璃材质

在制作窗户玻璃材质时，最好先观察一下身边的窗户质感，如图3-20所示为拍摄的一张窗户照片，从照片上可以看出窗户玻璃一般具有明显的反射效果。如图3-21所示则为本实例中窗户玻璃材质的渲染结果。

图3-20　　　　　图3-21

01 打开"材质编辑器"面板。选择一个空白材质球，将其设置为VRayMtl材质，如图3-22所示。

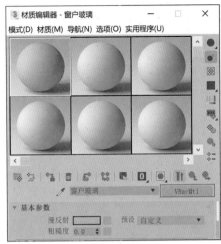

图3-22

02 在"基本参数"卷展栏中，设置"漫反射"的颜色为白色，设置"反射"的颜色为白色，设置"光泽度"的值为0.95，制作出窗户玻璃材质的高光和反射效果，如图3-23所示。为了方便帮助读者区分"漫反射""反射"及接下来要介绍的"折射"颜色设置，读者可以查看"漫反射"和"反射"的颜色参数设置，如图3-24所示。

图3-23

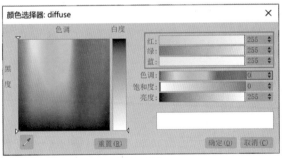

图3-24

03 设置"折射"的颜色为浅白色，制作出玻璃材质的折射效果，如图3-25所示。需要注意的是，"折射"的颜色参数与"漫反射"及"反射"的颜色参数略有不同，如图3-26所示。这样，可以避免渲染出来的窗户玻璃效果过于透明。

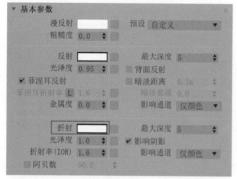

图3-25

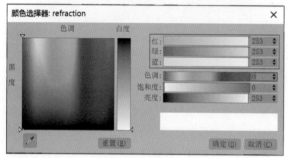

图3-26

04 制作完成后的窗户玻璃材质球显示结果如图3-27所示。

图3-27

3.2.5 制作摆件金属材质

本实例中床头柜上的小鹿摆件、床头灯上的金色部分以及衣柜上的玻璃边框均使用了一种金色的金属材质来表现其质感，渲染结果如图3-28所示。

图3-28

01 打开"材质编辑器"面板。选择一个空白材质球，将其设置为VRayMtl材质，如图3-29所示。

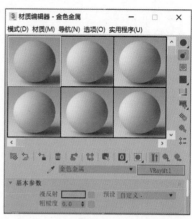

图3-29

02 在"基本参数"卷展栏中，设置"漫反射"与"反射"的颜色为暗金色，制作出金属材质的基本色，如图3-30所示。颜色的具体参数设置如图3-31所示。

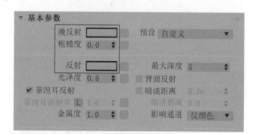

图3-30

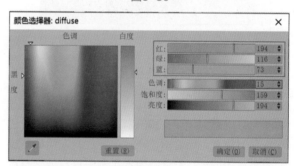

图3-31

03 设置"光泽度"的值为0.8，制作出金属材质的高光效果。设置"金属度"的值为1.0，提升材质的金属质感，如图3-32所示。

图3-32

04 制作完成后的金色金属材质球显示结果如图3-33所示。

图3-33

3.2.6　制作被子布料材质

本实例中被子的渲染结果如图3-34所示。

图3-34

01 打开"材质编辑器"面板。选择一个空白材质球，将其设置为VRayMtl材质，如图3-35所示。

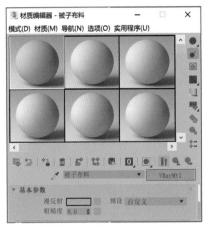

图3-35

02 在"基本参数"卷展栏中，设置"漫反射"的颜色为浅黄色，如图3-36所示。颜色参数设置如图3-37所示。

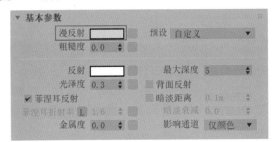

图3-36

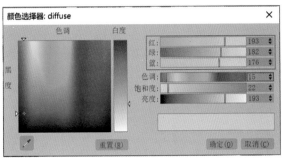

图3-37

03 设置"反射"的颜色为白色，设置"光泽度"的值为0.3，为被子布料材质添加一点点微弱的高光效果，如图3-38所示。

图3-38

04 在"贴图"卷展栏中，为"凹凸"贴图通道上添加一张"深一点的布纹.jpg"文件，并设置"凹凸"的强度值为5.0，制作出布料的凹凸效果，如图3-39所示。

贴图				
漫反射	100.0	✓	无贴图	
反射	100.0	✓	无贴图	
光泽度	100.0	✓	无贴图	
折射	100.0	✓	无贴图	
光泽度	100.0	✓	无贴图	
不透明度	100.0	✓	无贴图	
凹凸	5.0	✓	贴图 #4 (深一点的布纹.jpg)	
置换	100.0	✓	无贴图	
自发光	100.0	✓	无贴图	
漫反射粗糙度	100.0	✓	无贴图	
菲涅耳折射率	100.0	✓	无贴图	

图3-39

05 制作完成后的被子布料材质球显示结果如图3-40所示。

图3-40

3.2.7 制作不锈钢金属材质

本实例中床头灯灯座上白色金属部分使用了不锈钢金属材质，渲染结果如图3-41所示。

图3-41

01 打开"材质编辑器"面板。选择一个空白材质球，将其设置为VRayMtl材质，如图3-42所示。

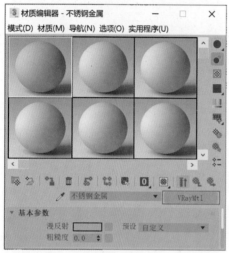

图3-42

02 在"基本参数"卷展栏中，设置"漫反射"和"反射"的颜色为白色，设置"光泽度"的值为0.8，制作出不锈钢金属材质的高光及反射效果。设置"金属度"的值为1.0，增加材质的金属特性，如图3-43所示。

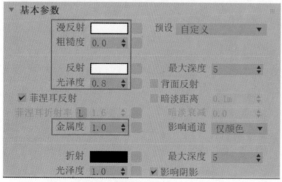

图3-43

03 制作完成后的不锈钢金属材质球显示结果如图3-44所示。

图3-44

3.2.8 制作背景墙布纹材质

本实例中的背景墙采用了布纹材质，渲染结果如图3-45所示。

图3-45

01 打开"材质编辑器"面板。选择一个空白材质球，将其设置为VRayMtl材质，如图3-46所示。

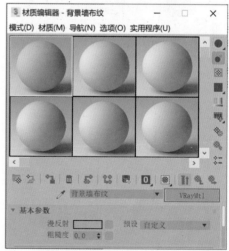

图3-46

02 在"基本参数"卷展栏中，设置"漫反射"的颜色为浅红色，颜色的参数设置如图3-47所示。设置"反射"的颜色为白色，设置"光泽度"的值为0.3，为背景墙的材质添加一点微弱的高光效果，如图3-48所示。

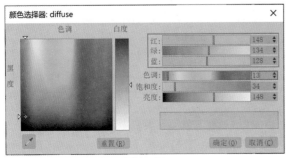

图3-47

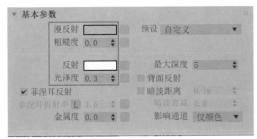

图3-48

03 在"贴图"卷展栏中,为"凹凸"贴图通道上添加一张"布纹.jpg"文件,并设置"凹凸"的强度值为30.0,制作出布料的凹凸效果,如图3-49所示。

贴图			
漫反射	100.0	✔	无贴图
反射	100.0	✔	无贴图
光泽度	100.0	✔	无贴图
折射	100.0	✔	无贴图
光泽度	100.0	✔	无贴图
不透明度	100.0	✔	无贴图
凹凸	30.0	✔	贴图 #5 (布纹.jpg)
置换	100.0	✔	无贴图
自发光	100.0	✔	无贴图
漫反射粗糙度	100.0	✔	无贴图

图3-49

04 制作完成后的背景墙布料材质球显示结果如图3-50所示。

图3-50

3.2.9 制作床头布纹材质

本实例中的床头主要表现为灰色的布纹质感,渲染结果如图3-51所示。

图3-51

01 打开"材质编辑器"面板。选择一个空白材质球,将其设置为VRayMtl材质,如图3-52所示。

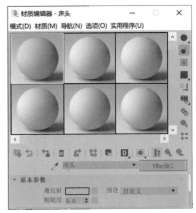

图3-52

02 在"贴图"卷展栏,为"漫反射"贴图通道上添加一张"布纹.jpg"文件,并使用拖曳的方式将该贴图复制到下方的"凹凸"贴图通道上,制作出床头布料材质的表面纹理及凹凸效果,如图3-53所示。需要注意的是,复制贴图时,在系统自动弹出的"复制(实例)贴图"对话框中,选择"实例"选项,如图3-54所示。

贴图			
漫反射	100.0	✔	贴图 #6 (布纹.jpg)
反射	100.0	✔	无贴图
光泽度	100.0	✔	无贴图
折射	100.0	✔	无贴图
光泽度	100.0	✔	无贴图
不透明度	100.0	✔	无贴图
凹凸	30.0	✔	贴图 #6 (布纹.jpg)
置换	100.0	✔	无贴图
自发光	100.0	✔	无贴图

图3-53

图3-54

03 在"基本参数"卷展栏中,设置"反射"的颜色为白色,设置"光泽度"的值为0.3,如图3-55所示。

53

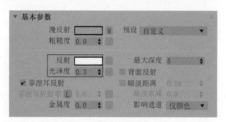

图3-55

04 制作完成后的床头布料材质球显示结果如图3-56所示。

图3-56

3.2.10 制作大理石材质

本实例中背景墙里的大理石质感渲染结果如图3-57所示。

图3-57

01 打开"材质编辑器"面板。选择一个空白材质球，将其设置为VRayMtl材质，如图3-58所示。

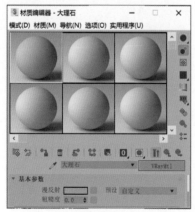

图3-58

02 在"贴图"卷展栏中，为"漫反射"贴图通道上添加一张"大理石.jpg"文件，制作出大理石材质的表面纹理，如图3-59所示。

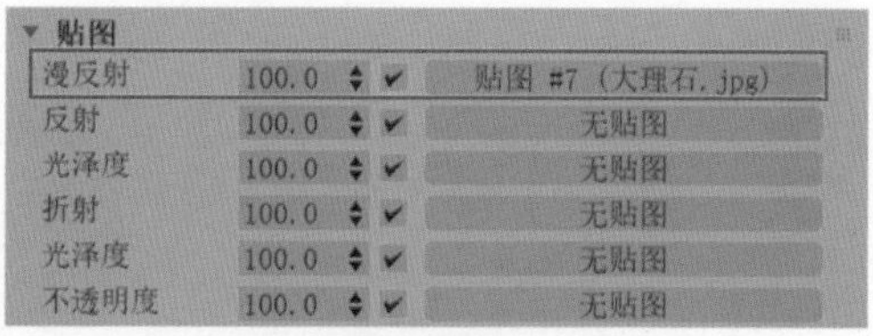

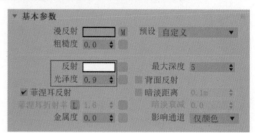

图3-59

03 在"基本参数"卷展栏中，设置"反射"的颜色为白色，设置"光泽度"的值为0.9，制作出大理石的反射及高光效果，如图3-60所示。

图3-60

04 制作完成后的大理石材质球显示结果如图3-61所示。

图3-61

3.2.11 制作灯光材质

本实例中的灯具使用了灯光材质，渲染结果如图3-62所示。

图3-62

01 打开"材质编辑器"面板。选择一个空白材质球，将其设置为VRay灯光材质，如图3-63所示。

02 在"参数"卷展栏中，设置"颜色"的值为0.5，降低VRay灯光材质的发光强度，如图3-64所示。

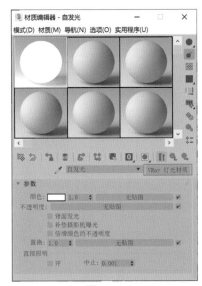

图3-63

图3-64

03 制作完成后的灯光材质球显示结果如图3-65所示。

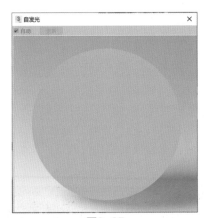

图3-65

3.2.12　制作窗外环境材质

　　本实例中窗外环境材质的渲染结果如图3-66所示。

01 打开"材质编辑器"面板。选择一个空白材质球，将其设置为VRay灯光材质，如图3-67所示。

图3-66

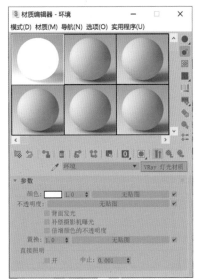

图3-67

02 在"参数"卷展栏中，在"颜色"贴图通道上添加一张"窗外环境.jpg"文件，并设置"颜色"的值为0.2，如图3-68所示。

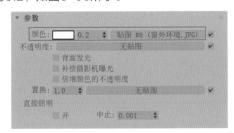

图3-68

03 制作完成后的窗外环境材质球显示结果如图3-69所示。

图3-69

3.3　摄影机参数设置

　　本实例中设置有两个摄影机，分别从两个角度来展示卧室的设计效果，具体设置步骤如下。

55

3.3.1 设置卧室正面角度展示

01 在"创建"面板中，单击"物理"按钮，如图3-70所示。

图3-70

02 在"顶"视图中创建一个摄影机，如图3-71所示。

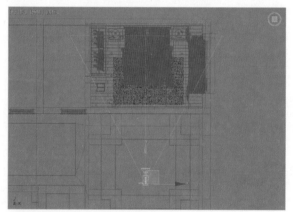

图3-71

03 在"左"视图中，调整摄影机及摄影机目标点的位置至如图3-72所示。

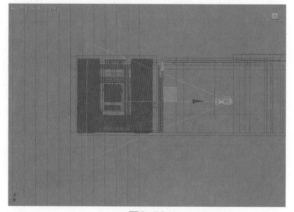

图3-72

04 按下C键，切换至"摄影机"视图，可以看到由于该摄影机的位置已经处于所要表现的空间之外，故在默认状态下无法显示出卧室的内部，如图3-73所示。

图3-73

05 选择场景中的摄影机，在"修改"面板中，展开"其他"卷展栏，勾选"启用"选项，开启"剪切平面"功能，并设置"近"的值为2.9m，如图3-74所示。

06 展开"物理摄影机"卷展栏，设置"宽度"的值为19.0，设置"焦距"的值为18.0，如图3-75所示。

图3-74　　　　　图3-75

07 设置完成后，再次观察"摄影机"视图，这次可以看到卧室正面的摄影机展示角度如图3-76所示。

图3-76

3.3.2 设置卧室侧面角度展示

01 在"顶"视图中,选择刚刚所创建的摄影机,按住Shift键,以拖曳的方式复制一个新的摄影机并调整其位置至如图3-77所示。

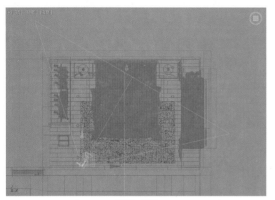

图3-77

02 在"修改"面板中,展开"其他"卷展栏,取消勾选"启用"选项,如图3-78所示。

03 展开"物理摄影机"卷展栏,设置"宽度"值为40.0,增加摄影机的拍摄范围,如图3-79所示。

图3-78

图3-79

04 设置完成后,观察"摄影机"视图,可以看到卧室侧面的摄影机展示角度如图3-80所示。

图3-80

技术专题 渲染小空间场景的摄影机设置技巧

在摆放摄影机时,摄影机的机位可以参考摄影

师在空间里所站的位置。但是,如果这个空间非常小,摄影机所拍摄到的范围就会很窄。以本实例为例,这是一个13m²的卧室,如果要从床的正前方来渲染,摄影机放到房间里,如图3-81所示,那么,在"摄影机"视图所得到的角度如图3-82所示。

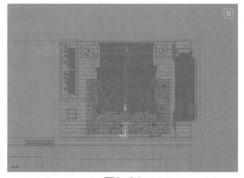

图3-81

图3-82

如果在"修改"面板中对摄影机的"宽度"值进行调整,的确可以增加摄影机的拍摄范围,如图3-83所示为摄影机的"宽度"值为90时,"摄影机"视图的显示效果。但是,虽然摄影机的拍摄范围增加了,但是画面产生了较大的变形,看起来非常不自然,也不美观。

图3-83

所以,读者可以参考本章所讲解的方法,将摄影机的位置放在房间以外,通过设置摄影机的"剪切平面"位置来进行渲染,如图3-84所示。这样就

可以得到一个看起来更加宽广、也比较自然一些的拍摄角度，如图3-85所示。

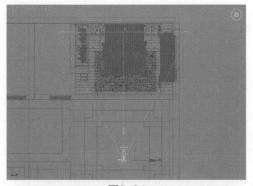

图3-84

图3-85

3.4 灯光设置

本实例主要表现日光的照射效果，具体操作步骤如下。

3.4.1 制作日光照明效果

01 在"创建"面板中，将下拉列表切换至VRay，单击"（VR）太阳"按钮，如图3-86所示。

图3-86

02 在"顶"视图中，创建一个"（VR）太阳"灯光，如图3-87所示。创建完成后，在系统自动弹出的"V-Ray太阳"对话框中，单击"是"按钮，为该场景自动添加"VRay天空"环境贴图，如图3-88所示。

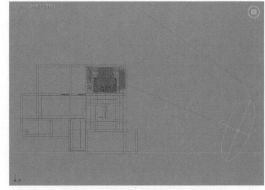

图3-87

图3-88

03 添加完成后，按快捷键8键，打开"环境和效果"面板，可以看到"VRay天空"环境贴图已经被成功添加，如图3-89所示。

图3-89

04 按下F键，切换至"前"视图。调整"（VR）太阳"灯光的高度至如图3-90所示。

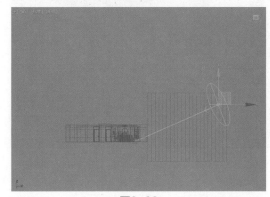

图3-90

05 在"修改"面板中，展开"太阳参数"卷展栏。设置"强度倍增"值为0.01，设置"大小倍增"值为2.0，设置"过滤颜色"为浅黄色，如图3-91所示。其中，"过滤颜色"的参数设置如图3-92所示。

图3-91

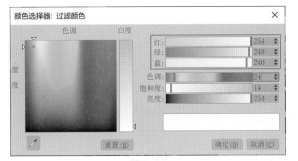

图3-92

3.4.2　制作灯带照明效果

01 在"创建"面板中，将下拉列表切换至VRay，单击"（VR）灯光"按钮，如图3-93所示。

02 在场景中如图3-94所示位置处，创建一个"（VR）灯光"用来模拟吊顶上的灯带照明效果。

图3-93

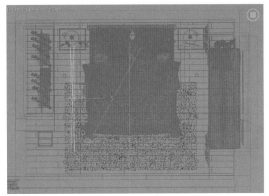

图3-94

03 在"前"视图中，旋转完成灯光的照射角度后，移动其位置至如图3-95所示。

04 在"修改"面板中，展开"常规"卷展栏。设置"倍增"的值为0.5，设置"模式"为"温度"选项，并将"温度"的值设置为4500.0，这样，可以观察到灯光的"颜色"自动变为橙色，如图3-96所示。

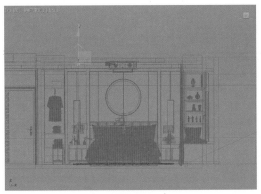

图3-95

图3-96

05 灯光的参数设置完成后，在"顶"视图中，对其进行复制并分别调整角度和位置至如图3-97所示，用来模拟其他三处位置的灯带照明效果。

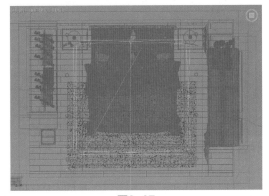

图3-97

3.4.3　制作射灯照明效果

01 在"创建"面板中，将下拉列表切换至VRay，单击"（VR）光域网"按钮，如图3-98所示。

02 在"前"视图中，在筒灯模型位置下方创建一个"（VR）光域网"灯光，如图3-99所示。

图3-98

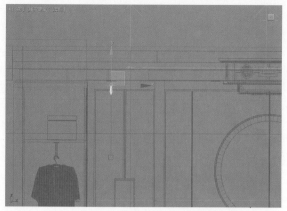

图3-99

03 在"顶"视图中，调整"（VR）光域网"灯光的位置至如图3-100所示。

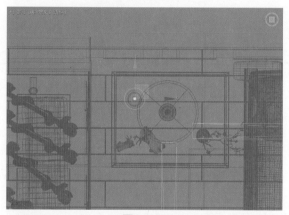

图3-100

04 按住Shift键，对"（VR）光域网"灯光进行复制，在系统自动弹出的"克隆选项"对话框中，选择"实例"选项，如图3-101所示。这样复制出来的"（VR）光域网"灯光是相互关联的关系，在后续的参数调整上，只需要调整场景中任意一个"（VR）光域网"灯光，就会对场景中的所有"（VR）光域网"灯光进行更改。

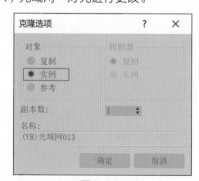

图3-101

05 对复制出来的"（VR）光域网"灯光进行位置调整，如图3-102所示。

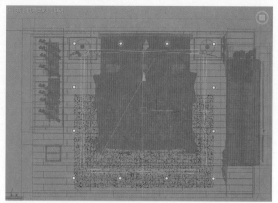

图3-102

06 在"修改"面板中，设置"（VR）光域网"灯光的"IES文件"为"筒灯.IES"，设置"颜色"为橙色，设置灯光的"强度值"为100.0，如图3-103所示。其中，颜色的参数设置如图3-104所示。

图3-103

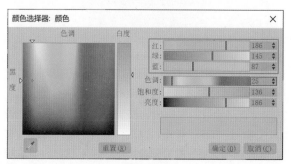

图3-104

3.4.4　制作补光

01 最后，为场景设置补光，用来模拟房间门口位置处的灯光效果。在"创建"面板中，将下拉列表切换至VRay，单击"（VR）灯光"按钮，如图3-105所示。

图3-105

02 在"顶"视图中，在如图3-106所示位置处创建一个"（VR）灯光"。

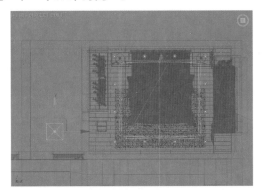

图3-106

03 在"前"视图中，调整灯光的位置至如图3-107所示。

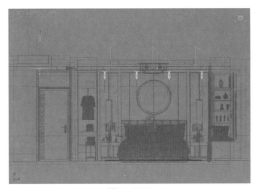

图3-107

04 在"修改"面板中，展开"常规"卷展栏，设置灯光的"倍增"值为1.0，如图3-108所示。

图3-108

"（VR）太阳"灯光主要用来模拟真实的室内外阳光照明，在"修改"面板中共有"太阳参数""天空参数""选项"和"采样"四个卷展栏，如图3-109所示。下面，对其中较为常用的参数进行介绍。

图3-109

1. "太阳参数"卷展栏

展开"太阳参数"卷展栏，其参数设置如图3-110所示。

图3-110

常用参数解析

- 启用：开启"（VR）太阳"灯光的照明效果。
- 强度倍增：设置"（VR）太阳"光照的强度。
- 大小倍增：设置渲染天空中太阳的大小，"大小倍增"的值越小，渲染出的太阳半径越小，同时地面上的阴影越实；"大小倍增"的值越大，渲染出的太阳半径越大，同时地面上的阴影越虚，如图3-111所示分别为该值是0.2和10的渲染结果对比。通过对比，可以看出该值为0.2时，日光投射到床上的阴影边缘效果越清晰；该值为10时，日光投射到床上的阴影边缘效果看起来越模糊。

图3-111

- 过滤颜色：该参数用于改变"（VR）太阳"灯光的颜色，并可以明显影响渲染的图像色彩。如图3-112所示分别为"过滤颜色"设置为橙色（红：244，绿：120，蓝：19）和蓝色（红：46，绿：73，蓝：239）的渲染结果对比。

图3-112

- 颜色模式：用于设置"过滤颜色"以何种模式来影响"（VR）太阳"灯光的颜色。

2. "天空参数"卷展栏

展开"天空参数"卷展栏，其参数设置如图3-113所示。

图3-113

常用参数解析

- 天空模型：用于选择控制渲染天空环境的程序模型。
- 地面反照率：用于改变地面的颜色。
- 间接水平照明：用于设置来自天空的间接照明强度。
- 混合角度：用于控制地平线和天空之间所形成的渐变大小。
- 地平线偏移：用于设置地平线的偏移位置。
- 浊度：控制大气中的灰尘量，并影响"（VR）太阳"灯光以及天空的颜色。
- 臭氧：控制大气中臭氧的含量。

3. "选项"卷展栏

展开"选项"卷展栏，其参数设置如图3-114所示。

图3-114

常用参数解析

- "排除"按钮：将场景中的对象排除在阳光的照明之外。
- 不可见：启用时，太阳光将不会被渲染出来。
- 影响漫反射：设置"（VR）太阳"灯光对材质的漫反射影响程度。
- 影响高光反射：设置"（VR）太阳"灯光对材质的高光反射影响程度。
- 投射大气阴影：启用时，大气效果可以投射阴影。

4. "采样"卷展栏

展开"采样"卷展栏，其参数设置如图3-115所示。

采样	
阴影偏移	0.0m
光子发射半径	0.05m

图3-115

常用参数解析

- 阴影偏移：设置物体与自身阴影的偏移程度。
- 光子发射半径：设置光子照射区域的半径。

3.5 渲染及后期设置

3.5.1 渲染设置

01 打开"渲染设置：V-Ray 5"面板，可以看到本场景已经预先设置完成使用VRay渲染器渲染场景，如图3-116所示。

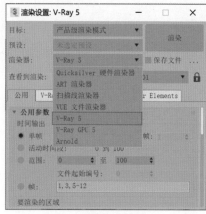

图3-116

02 在"公用参数"选项卡中，设置渲染输出图像的"宽度"为2400，"高度"为1800，如图3-117所示。

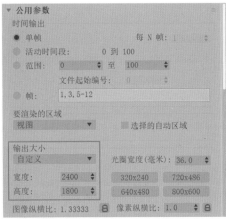

图3-117

03 在V-Ray选项卡中，展开"图像采样器（抗锯齿）"卷展栏，设置渲染的"类型"为"渲染块"，如图3-118所示。

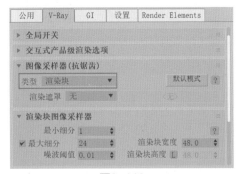

图3-118

04 在GI选项卡中，展开"全局照明"卷展栏，设置"首次引擎"的选项为"发光贴图"，设置"饱和度"的值为0.3，如图3-119所示。

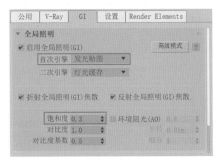

图3-119

05 在"发光贴图"卷展栏中，将"当前预设"选择为"自定义"，并设置"最小比率"和"最大比率"的值均为-1，如图3-120所示。

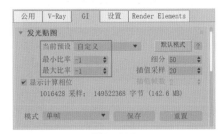

图3-120

06 设置完成后，渲染场景，渲染结果如图3-121所示。

图3-121

3.5.2　后期处理

01 在"V-Ray帧缓冲区"面板中，可以对渲染出来的图像进行细微调整。单击"图层"选项卡中的"创建图层"按钮，如图3-122所示。

图3-122

02 在弹出的下拉菜单中选择"曲线"命令，如图3-123所示。

图3-123

03 添加完成"曲线"图层后，选择该图层，可以看到"属性"卷展栏中会出现对应的一些参数，如图3-124所示。

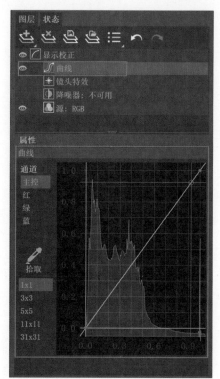

图3-124

04 在"曲线"卷展栏中，调整曲线的形态，如图3-125所示，可以提高渲染图像的亮度。

图3-125

05 以相同的方式添加一个"色彩平衡"图层，在"色彩平衡"卷展栏中，设置"Yellow-Blue（黄色-蓝色）"的值为0.020，如图3-126所示，细微调整渲染图像的整体色调。

图3-126

06 以相同的方式添加一个"曝光"图层，在"曝光"卷展栏中，设置"Contrast（对比度）"的值为0.200，如图3-127所示，提升渲染图像的层次感。

图3-127

07 本实例的最终图像渲染结果如图3-128所示。

图3-128

08 以同样的操作步骤渲染卧室的侧面角度，最终渲染结果如图3-129所示。

图3-129

第 4 章

欧式风格客厅
天光表现

4.1 效果展示

本实例为一个欧式设计风格的客厅天光表现效果，实例的最终渲染结果及线框图如图4-1和图4-2所示。通过渲染结果，可以看出本实例中所要表现的灯光主要为天光照明效果。

图4-1

图4-2

打开本书配套场景文件"欧式客厅.max"，如图4-3所示。接下来将较为典型的常用材质进行详细讲解。

图4-3

4.2 材质制作

4.2.1 制作灰色背景墙材质

本实例中的灰色背景墙采用了带有白色欧式花纹元素的装饰设计，渲染结果如图4-4所示。

图4-4

01 打开"材质编辑器"面板。选择一个空白材质球，将其设置为VRayMtl材质，如图4-5所示。

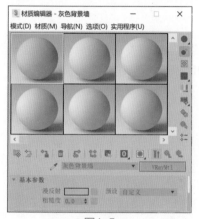
图4-5

02 在"基本参数"卷展栏中，设置"漫反射"的颜色为灰色，设置"反射"的颜色为白色，如图4-6所示。"漫反射"颜色的参数设置如图4-7所示。

图4-6

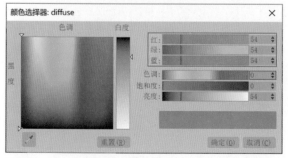
图4-7

03 展开"贴图"卷展栏，在"光泽度"贴图通道上添加一张"背景墙光泽度.png"文件，如图4-8所示。

图4-8

04 制作完成后的灰色背景墙材质球显示结果如图4-9所示。

图4-9

4.2.2 制作沙发材质

本实例中沙发材质的渲染结果如图4-10所示。

图4-10

01 打开"材质编辑器"面板。选择一个空白材质球，将其设置为VRayMtl材质，如图4-11所示。

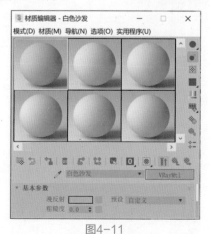
图4-11

02 在"基本参数"卷展栏中，单击"漫反射"参数后面的方形按钮，在系统自动弹出的"材质/贴图浏览器"对话框中选择"衰减"贴图，如图4-12所示。

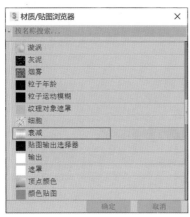

图4-12

03 默认状态下，在"衰减参数"卷展栏中，可以看到在"前：侧"组内，由黑色和白色这两个属性分别来控制"前"贴图通道和"侧"贴图通道。首先，为"前"贴图通道添加"合成"贴图，如图4-13所示。

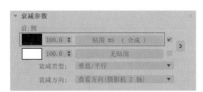

图4-13

04 添加完成后，"材质编辑器"会自动显示"合成"贴图的参数设置。在"合成层"卷展栏内，单击"层1"里的"无"按钮，如图4-14所示，为其设置一张"布纹A.jpg"贴图文件，设置完成后，如图4-15所示。

图4-14

图4-15

05 单击"总层数"后面的"添加新层"按钮，在新添加"层2"中再次单击"无"按钮，如图4-16所示。

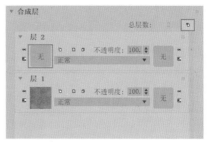

图4-16

06 在系统自动弹出的"材质/贴图浏览器"对话框中选择"VRay颜色"贴图，如图4-17所示。

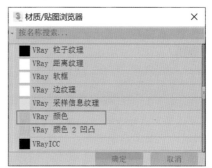

图4-17

07 在"VRay颜色参数"卷展栏中，设置"颜色"为灰色，如图4-18所示。"颜色"的参数设置如图4-19所示。

图4-18

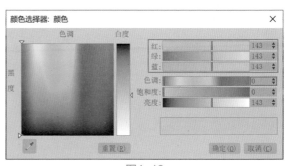

图4-19

08 在"合成层"卷展栏中，将"层2"的"不透明度"值设置为50.0，这样就实现了将"布纹A.jpg"贴图文件与灰色合成到一起的贴图效果，如图4-20所示。

图4-20

09 回到"衰减参数"卷展栏,将"前"贴图通道中的"合成"贴图以拖曳的方式复制到"侧"贴图通道中,如图4-21所示。

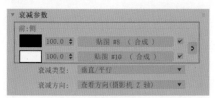

图4-21

10 单击"侧"贴图通道中的"合成"贴图命令,展开"合成层"卷展栏,设置"层2"的颜色为白色,如图4-22所示。使得"布纹A.jpg"贴图文件与白色合成到一起。

图4-22

11 展开"贴图"卷展栏,将"漫反射"贴图通道中的命令以拖曳的方式复制到"凹凸"属性的贴图通道中,并设置"凹凸"值为30.0,如图4-23所示。

贴图			
漫反射	100.0 ‡ ✔	贴图 #1（Falloff）	
反射	100.0 ‡ ✔	无贴图	
光泽度	100.0 ‡ ✔	无贴图	
折射	100.0 ‡ ✔	无贴图	
光泽度	100.0 ‡ ✔	无贴图	
不透明度	100.0 ‡ ✔	无贴图	
凹凸	30.0 ‡ ✔	贴图 #1（Falloff）	
置换	100.0 ‡ ✔	无贴图	
自发光	100.0 ‡ ✔	无贴图	
漫反射粗糙度	100.0 ‡ ✔	无贴图	

图4-23

12 制作完成后的沙发材质球显示结果如图4-24所示。

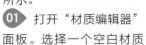

图4-24

4.2.3 制作金属铜材质

本实例中的桌子上的摆件采用了金色的铜金属材质,渲染结果如图4-25所示。

图4-25

01 打开"材质编辑器"面板。选择一个空白材质球,将其设置为VRayMtl材质,如图4-26所示。

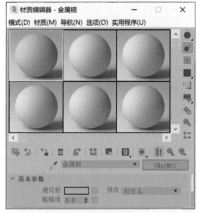

图4-26

02 在"基本参数"卷展栏中,将"预设"的选项设置为"铜(粗糙)",即可完成金属铜材质的设置,如图4-27所示。

图4-27

03 制作完成后的金属铜材质球显示结果如图4-28所示。

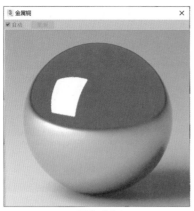

图4-28

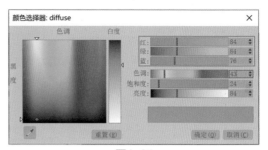

图4-31

4.2.4　制作金属钢材质

本实例中水晶吊灯上的链子设置为金属钢材质，渲染结果如图4-29所示。

图4-29

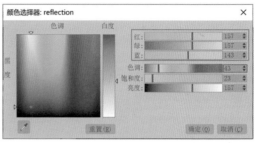

图4-32

🔘01　打开"材质编辑器"面板。选择一个空白材质球，将其设置为VRayMtl材质，如图4-30所示。

图4-33

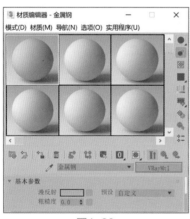

图4-30

图4-34

🔘02　在"基本参数"卷展栏中，设置"漫反射"的颜色如图4-31所示，设置"反射"的颜色如图4-32所示，设置"光泽度"的值为0.75，制作出金属钢材质的颜色及反射效果。设置"金属度"的值为1.0，增强材质的金属特性，如图4-33所示。

🔘03　制作完成后的金属钢材质球显示结果如图4-34所示。

4.2.5　制作金属咖啡勺子材质

本实例中的咖啡勺子材质渲染结果如图4-35所示。

图4-35

🔘01　打开"材质编辑器"面板。选择一个空白材质球，将其设置为VRayMtl材质，如图4-36所示。

71

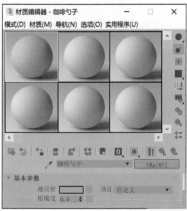

图4-36

02 在"基本参数"卷展栏中,设置"漫反射"和
"反射"的颜色为金黄色,设置"金属度"的值为
1.0,如图4-37所示。"漫反射"和"反射"的颜
色具体参数设置如图4-38所示。

图4-37

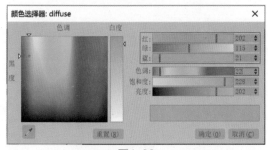

图4-38

03 制作完成后的金属咖啡勺子材质球显示结果如
图4-39所示。

图4-39

4.2.6　制作落地灯金属材质

本实例中落地灯灯架
采用了金属铜材质,虽然
看起来与桌子上摆件的金
属铜材质差不多,但是却
有细微的差别,渲染结果
如图4-40所示。

图4-40

01 打开"材质编辑器"面板。选择一个空白材质
球,将其设置为VRayMtl材质,如图4-41所示。

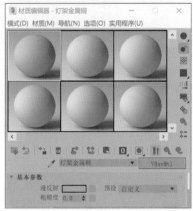

图4-41

02 在"基本参数"卷展栏中,设置"漫反射"的
颜色如图4-42所示,设置"反射"的颜色为白色,
设置"金属度"的值为1.0,如图4-43所示。

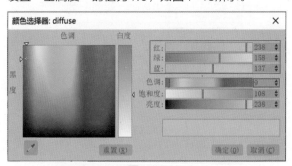

图4-42

图4-43

03 在"贴图"卷展栏中,为"光泽度"的贴图通
道添加一张"灯架光泽度.png"贴图文件,用来控
制落地灯金属材质的反射光泽,如图4-44所示。

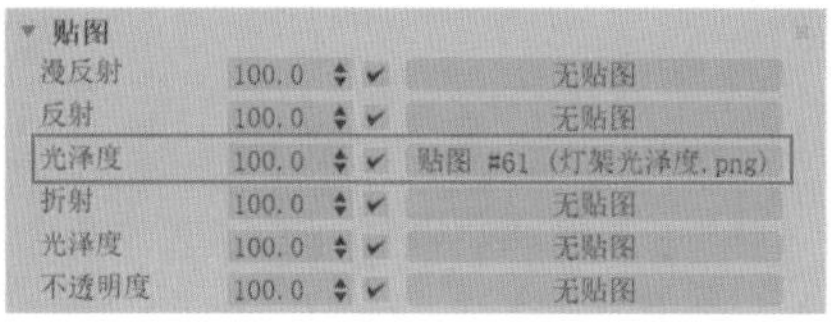

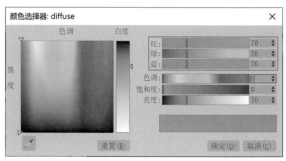

图4-48

图4-44

04 制作完成后的落地灯金属材质球显示结果如图4-45所示。

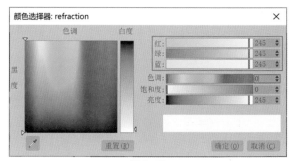

图4-49

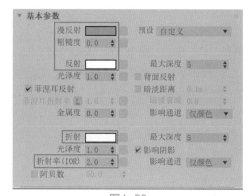

图4-50

03 制作完成后的水晶吊灯玻璃材质球显示结果如图4-51所示。

图4-45

4.2.7　制作水晶吊灯玻璃材质

本实例中的水晶吊灯玻璃材质渲染结果如图4-46所示。

图4-46

01 打开"材质编辑器"面板。选择一个空白材质球，将其设置为VRayMtl材质，如图4-47所示。

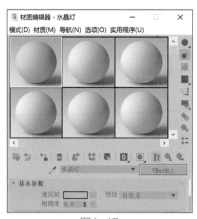

图4-47

02 在"基本参数"卷展栏中，设置"漫反射"的颜色如图4-48所示，设置"反射"的颜色为白色，设置"折射"的颜色如图4-49所示，设置"折射率（IOR）"的值为2.0，如图4-50所示。

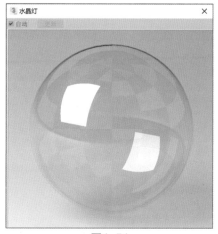

图4-51

4.2.8 制作黑色桌子材质

本实例中的黑色桌子材质渲染结果如图4-52所示。

图4-52

01 打开"材质编辑器"面板。选择一个空白材质球，将其设置为VRayMtl材质，如图4-53所示。

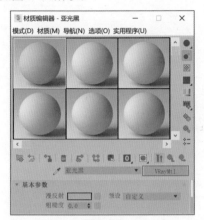

图4-53

02 在"基本参数"卷展栏中，设置"漫反射"的颜色如图4-54所示，设置"反射"的颜色如图4-55所示。设置"光泽度"的值为0.5，如图4-56所示。

03 制作完成后的黑色桌子材质球显示结果如图4-57所示。

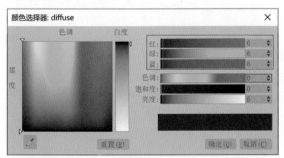

图4-54

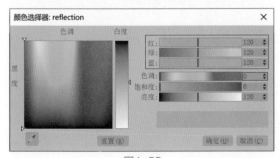

图4-55

图4-56

图4-57

4.2.9 制作木门材质

本实例中的木门材质渲染结果如图4-58所示。

01 打开"材质编辑器"面板。选择一个空白材质球，将其设置为VRayMtl材质，如图4-59所示。

图4-58

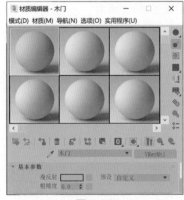

图4-59

02 在"贴图"卷展栏中，为"漫反射"贴图通道上添加一张"木门木纹.jpg"文件，制作出木门材质的表面纹理，如图4-60所示。

03 在"坐标"卷展栏中，设置U向的"瓷砖"值为4.0，设置V向的"瓷砖"值为2.0，如图4-61所示。

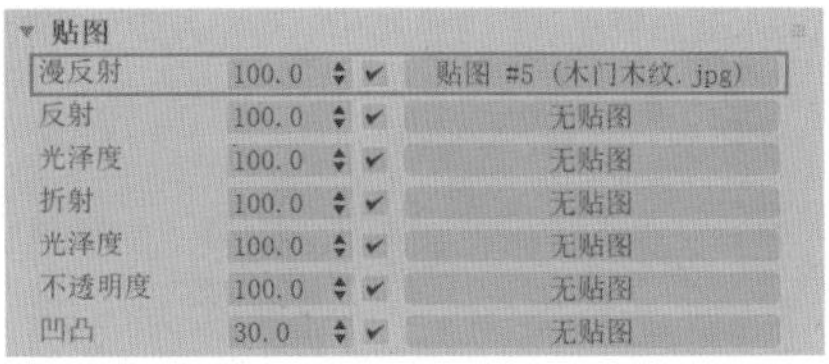

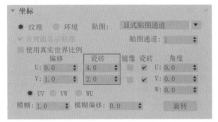

图4-60

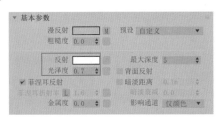

图4-61

04 在"基本属性"卷展栏中，设置"反射"的颜色为白色，设置"光泽度"的值为0.7，如图4-62所示。

图4-62

05 制作完成后的木门材质球显示结果如图4-63所示。

图4-63

4.2.10　制作植物叶片材质

本实例中的植物叶片渲染结果如图4-64所示。

01 打开"材质编辑器"面板。选择一个空白材质球，将其设置为VRayMtl材质，如图4-65所示。

图4-64

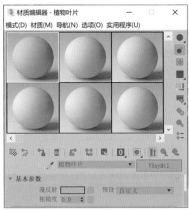

图4-65

02 在"贴图"卷展栏中，为"漫反射"的贴图通道添加一张"树叶叶片.jpg"贴图文件，再以拖曳的方式复制到"凹凸"贴图通道上，并设置"凹凸"的值为10.0，如图4-66所示。

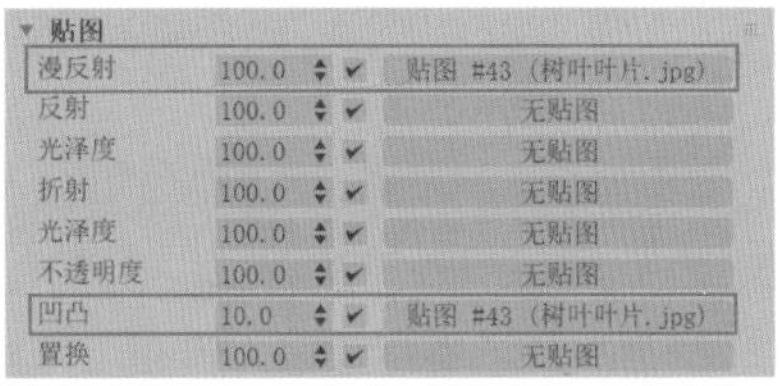

图4-66

03 在"基本参数"卷展栏中，设置"反射"的颜色为白色，设置"光泽度"的值为0.75，如图4-67所示。

图4-67

04 制作完成后的植物叶片材质球显示结果如图4-68所示。

图4-68

4.2.11 制作花盆材质

本实例中的花盆材质渲染结果如图4-69所示。

图4-69

01 打开"材质编辑器"面板。选择一个空白材质球，将其设置为VRayMtl材质，如图4-70所示。

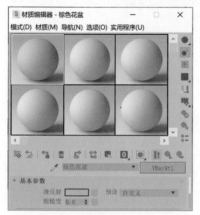

图4-70

02 在"基本参数"卷展栏中，设置"漫颜色"的颜色为棕色，如图4-71所示。

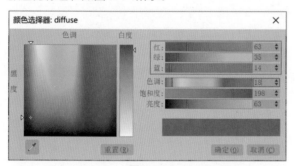

图4-71

03 设置"反射"的颜色为白色，设置"光泽度"的值为0.8，制作出花盆材质的高光及反射效果，如图4-72所示。

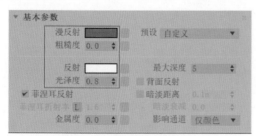

图4-72

04 制作完成后的花盆材质球显示结果如图4-73所示。

图4-73

4.2.12 制作地砖材质

现实生活中的地砖虽然看起来表面非常平整，事实上大多都有一点点非常轻微的、肉眼难以察觉的弧度，使得我们在观察铺在地面上的地砖时，常常可以看到反射出来影像带有一点轻微的变形效果。在本实例中，制作的地砖材质也可以模拟出这种带有轻微变形的反射效果，制作完成后的地砖材质渲染结果如图4-74所示。

图4-74

01 打开"材质编辑器"面板。选择一个空白材质球，将其设置为VRayMtl材质，如图4-75所示。

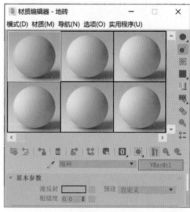

图4-75

02 在"贴图"卷展栏中，在"漫反射"的贴图通道上添加一张"地砖.jpg"文件，制作出地砖材质的表面纹理，如图4-76所示。

03 在"基本参数"卷展栏中，设置"反射"的颜色为白色，如图4-77所示。

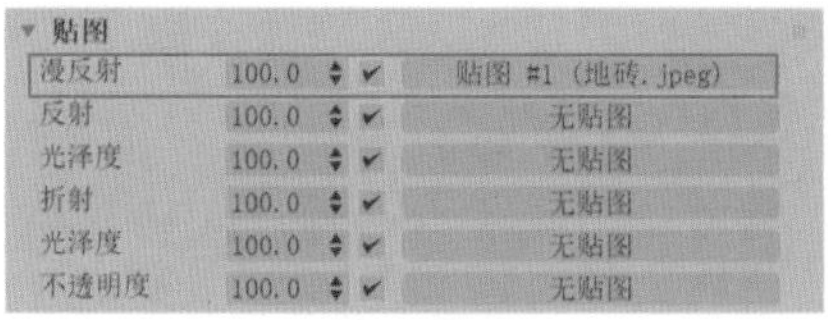

图4-76

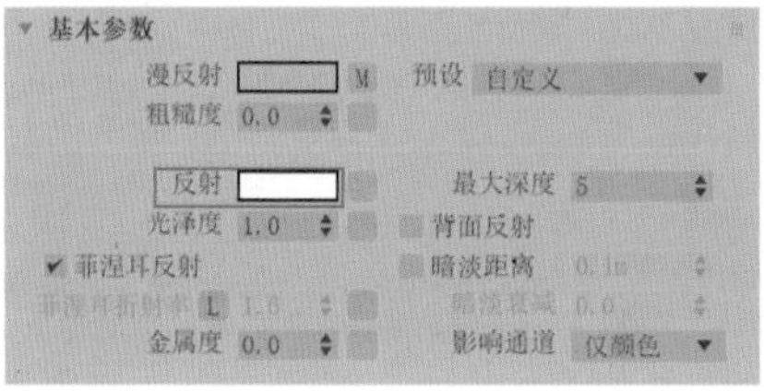

图4-77

04 在"贴图"卷展栏中,在"凹凸"的贴图通道上添加"噪波"贴图,并设置"凹凸"的值为5.0,设置完成后,如图4-78所示。

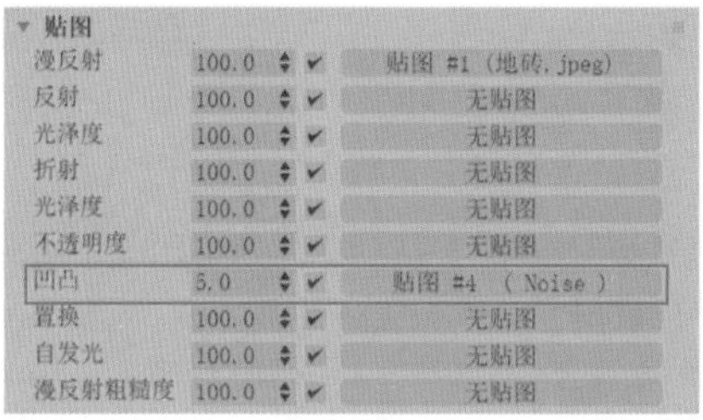

图4-78

05 在"噪波参数"卷展栏中,设置"大小"的值为100.0,如图4-79所示。

图4-79

06 制作完成后的地砖材质球显示结果如图4-80所示。

图4-80

4.2.13 制作石膏材质

本实例中放在桌子上的马形雕塑使用了石膏材质,渲染结果如图4-81所示。

图4-81

01 打开"材质编辑器"面板。选择一个空白材质球,将其设置为VRayMtl材质,如图4-82所示。

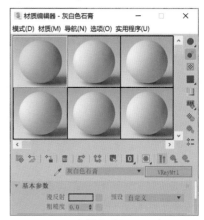

图4-82

02 在"基本参数"卷展栏中,设置"漫反射"的颜色为灰白色,如图4-83所示。颜色的参数设置如图4-84所示。

图4-83

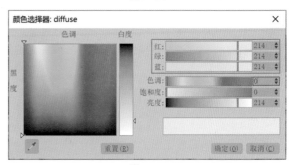

图4-84

03 制作完成后的石膏材质球显示结果如图4-85所示。

图4-85

4.2.14 制作窗帘材质

本实例中的窗帘材质
渲染结果如图4-86所示。

图4-86

01 打开"材质编辑器"
面板。选择一个空白材质
球,将其设置为VRayMtl
材质,如图4-87所示。

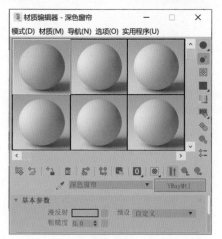

图4-87

02 在"贴图"卷展栏中,为"漫反射"的贴图
通道上添加一张"沙发布纹.jpg"文件,如图4-88
所示。

图4-89

4.2.15 制作灯管材质

本实例中的灯管材质
渲染结果如图4-90所示。

图4-90

01 打开"材质编辑器"
面板。选择一个空白材质
球,将其设置为VRay灯
光材质,如图4-91所示。

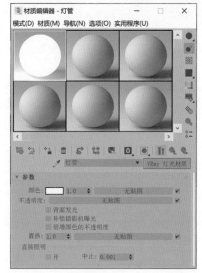

图4-91

02 在"参数"卷展栏中,设置"颜色"的值为
3.0,如图4-92所示。

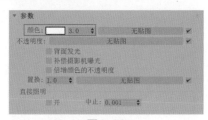

图4-92

03 制作完成后的窗帘材质球显示结果如图4-89
所示。

03 制作完成后的灯管材质球显示结果如图4-93所示。

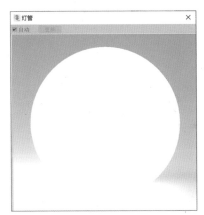

图4-93

技术专题 使用"合成"贴图命令来更改贴图的颜色

为材质球的"漫反射"属性指定贴图时，常常会遇到修改贴图颜色的问题，例如将如图4-94所示的木纹贴图颜色改为如图4-95和图4-96所示的样子。

图4-94

图4-95

图4-96

下面就来给读者讲解使用"合成"贴图来更改贴图颜色的操作步骤。

01 为材质球的"漫反射"贴图通道添加一张"浅色木纹jpg"贴图文件，如图4-97所示。

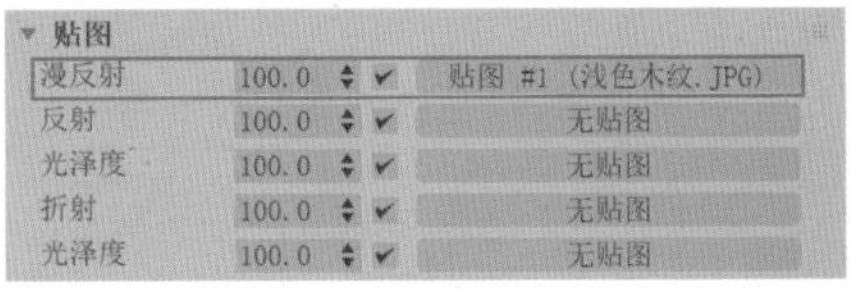

贴图			
漫反射	100.0 ◆ ✔	贴图 #1 (浅色木纹.JPG)
反射	100.0 ◆ ✔	无贴图
光泽度	100.0 ◆ ✔	无贴图
折射	100.0 ◆ ✔	无贴图
光泽度	100.0 ◆ ✔	无贴图

图4-97

02 在"材质编辑器"面板中，单击"Bitmap（位图）"按钮，如图4-98所示。

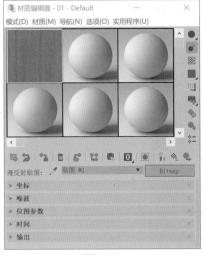

图4-98

03 在弹出的"材质/贴图浏览器"对话框中，选择"合成"贴图，如图4-99所示。在系统自动弹出的"替换贴图"对话框中，选择默认的"将旧贴图保存为子贴图？"选项后，单击"确定"按钮，即可设置完成，如图4-100所示。

04 展开"合成层"卷展栏后，可以看到之前"漫反射"上的贴图文件现在已经成为当前"合成"贴图的"层1"子贴图了，如图4-101所示。

图4-99

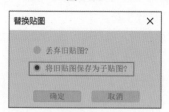

图4-100

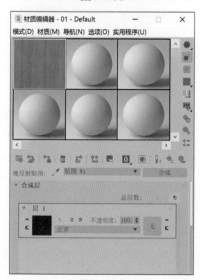

图4-101

05 单击"合成层"卷展栏中的"总层数"参数后面的"添加新层"按钮 🔳，如图4-102所示，这样可以添加一个名称为"层2"的新层。

图4-102

06 单击"层2"里的第一个"无"按钮，如图4-103所示。

图4-103

07 在自动弹出的"材质/贴图浏览器"对话框中选择"VRay颜色"贴图，如图4-104所示。

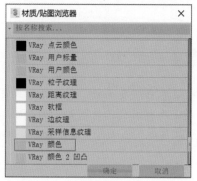

图4-104

08 在"VRay颜色参数"卷展栏中，可以通过更改"颜色"来控制贴图将来所要合成的颜色，如图4-105所示。

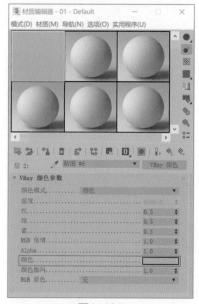

图4-105

09 回到"合成层"卷展栏，通过更改"层2"的"不透明度"值就可以设置贴图与颜色的合成效果，如图4-106所示。

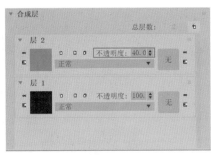

图4-106

10 如图4-107所示为木纹贴图与"VRay颜色"贴图的默认灰色所合成的贴图颜色效果。

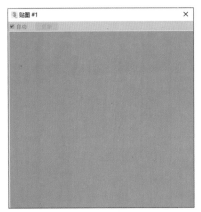

图4-107

"VRay颜色"贴图允许用户通过"温度"或"颜色"来设置该贴图的色彩，其参数设置如图4-108所示。

图4-108

常用参数解析

- 颜色模式：用于指定确定颜色的模式，有"颜色"和"温度"两个选项，如图4-109所示。

图4-109

- 温度：当"颜色模式"选择为"温度"时，激活该参数，用户可以通过设置"温度"值来控制颜色。
- 红/绿/蓝：分别用来调整对应通道的值来影响颜色。
- RGB倍增：用于设置RGB的倍增值来影响颜色。
- Alpha：用于设置Alpha值来影响颜色。
- 颜色：单击该参数后面的色块，用户可以打开"颜色选择器"对话框来指定颜色，如图4-110所示。

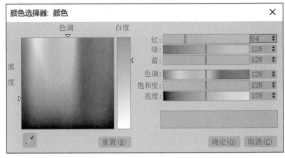

图4-110

- 颜色伽马：设置用于校正颜色的伽马值。
- RGB原色：用于设置"RGB原色"的计算方式，有"无""sRGB原色"和"ACEScg原色"三个选项可用，如图4-111所示。

图4-111

4.3　摄影机参数设置

01 在"创建"面板中，单击"物理"按钮，如图4-112所示。

图4-112

02 在"顶"视图中如图4-113所示位置处创建一个摄影机。

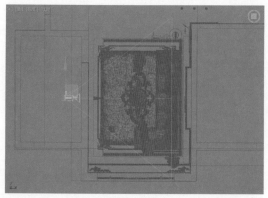

图4-113

03 在"前"视图中,调整摄影机及摄影机目标点的位置,如图4-114所示。

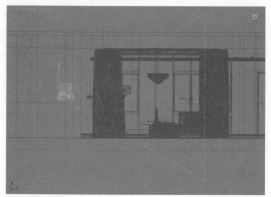

图4-114

04 选择场景中的摄影机,在"修改"面板中,展开"物理摄影机"卷展栏,设置"宽度"的值为60.0,如图4-115所示。

05 展开"其他"卷展栏,勾选"启用"选项,并设置"近"的值为1.0m,如图4-116所示。

图4-115　　　　图4-116

06 设置完成后,按下C键,切换至"摄影机"视图,客厅的摄影机展示角度如图4-117所示。

图4-117

4.4　灯光设置

本实例主要表现天光的照射效果,具体操作步骤如下。

4.4.1　制作天光照明效果

01 在"创建"面板中,将"灯光"的下拉列表切换至VRay,单击"(VR)灯光"按钮,如图4-118所示。

02 在"前"视图中,客厅的窗户位置处创建一个"(VR)灯光",如图4-119所示。"(VR)灯光"的大小与窗户模型相匹配,如果创建之后不是特别匹配,可以通过"缩放"工具来调整"(VR)灯光"的大小。

图4-118

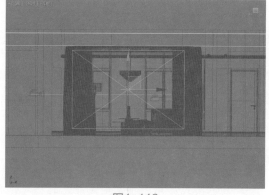

图4-119

03 按下T键,切换至"顶"视图。调整"(VR)灯光"的位置至如图4-120所示,使其位于卧室窗户的外面。

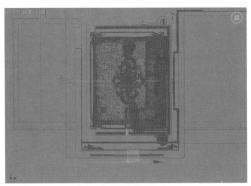

图4-120

04 在"修改"面板中，展开"常规"卷展栏。设置"倍增"值为1.0，设置"颜色"为白色，如图4-121所示。

图4-121

4.4.2　制作补光

01 接下来，为场景设置补光，用来模拟从客厅拐角位置处透射进来的天光效果。在"顶"视图中，将上一节所创建的灯光选中，按下Shift键，以拖曳的方式复制出一个"（VR）灯光"，并调整其位置、大小和角度至如图4-122所示。

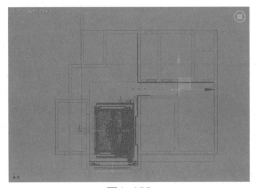

图4-122

02 在"修改"面板中，展开"常规"卷展栏，设置灯光的"倍增"值为0.35，如图4-123所示。

图4-123

4.5　渲染及后期设置

4.5.1　渲染设置

01 打开"渲染设置：V-Ray 5"面板，可以看到本场景已经预先设置完成使用VRay渲染器渲染场景，如图4-124所示。

图4-124

02 在"公用参数"选项卡中，设置渲染输出图像的"宽度"为2400，"高度"为1800，如图4-125所示。

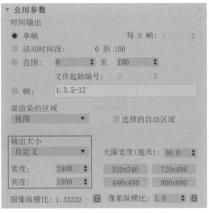

图4-125

03 在V-Ray选项卡中，展开"图像采样器（抗锯齿）"卷展栏，设置渲染的"类型"为"渲染块"，如图4-126所示。

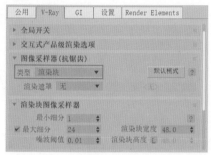

图4-126

04 在GI选项卡中，展开"全局照明"卷展栏，设置"首次引擎"的选项为"BF算法"，设置"二次引擎"的选项为"灯光缓存"，如图4-127所示。

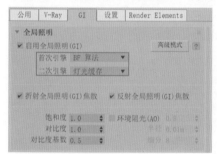

图4-127

05 在"图像过滤器"卷展栏中，设置"过滤器"为Catmull-Rom，这样渲染出来的图像会有较为明显的锐化效果，如图4-128所示。

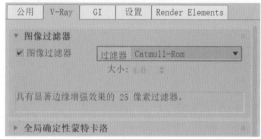

图4-128

06 在"颜色贴图"卷展栏中，设置"类型"为"指数"，这样可以避免渲染图像的局部出现较为明显的曝光效果，如图4-129所示。

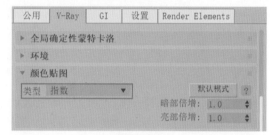

图4-129

07 设置完成后，渲染场景，渲染结果如图4-130所示。

图4-130

"全局照明"引擎常用设置解析

在本书中，大部分实例在进行最终的渲染设置时，都会将"全局照明"卷展栏里的"首次引擎"设置为"发光贴图"，如图4-131所示。

图4-131

将"首次引擎"设置为"发光贴图"后，渲染图像所需要的计算时间相对来说会短一些，这使得读者可以使用较少的渲染时间快速得到3ds Max计算完成后的图像。但是"发光贴图"的不足之处在于可能会产生一些噪点，当这些噪点比较明显时则会影响最终渲染图像的美观程度。在本实例中，将"首次引擎"分别设置为"发光贴图"和"BF算法"后，渲染出来的图像局部细节对比如图4-132和图4-133所示。

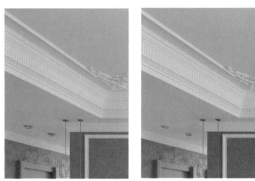

图4-132

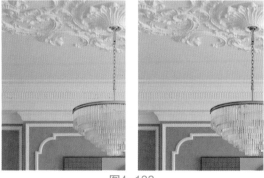

图4-133

通过图像对比，可以看到当"首次引擎"设置为"发光贴图"后，渲染出来的图像在石膏吊顶位置处会产生较为明显的灰黑色噪点，而当"首次引擎"设置为"BF算法"后，渲染出来的图像则基

本上看不到这些噪点了，所以在本实例中，将"首次引擎"设置为"BF算法"，如图4-134所示，但是，渲染图像所需要的时间要长一些。

图4-134

所以，在进行图像的渲染设置时，可以考虑先将"首次引擎"设置为"发光贴图"，如果渲染出来的图像出现了较为明显的噪点，则可以尝试再将"首次引擎"设置为"BF算法"进行图像的渲染。此外，"BF算法"还可以有效解决使用VRay渲染动画所出现的画面闪烁问题。

4.5.2　后期处理

01 在"V-Ray帧缓冲区"面板中，可以对渲染出来的图像进行细微调整。单击"图层"选项卡中的"创建图层"按钮，如图4-135所示。

图4-135

02 在弹出的下拉菜单中选择"曲线"命令，如图4-136所示。

图4-136

03 在"曲线"卷展栏中，调整曲线的形态至如图4-137所示，可以提高渲染图像的亮度。

图4-137

04 以相同的方式添加一个"曝光"图层，在"曝光"卷展栏中，设置"对比度"的值为0.150，如图4-138所示，增加图像的层次感。

图4-138

05 本实例的最终图像渲染结果如图4-139所示。

图4-139

第 5 章

轻奢风格卧室室内灯光表现

5.1 效果展示

　　轻奢风格是近年来比较流行的一种装饰风格，顾名思义，就是"轻微的奢侈"，源于年轻人对精致生活品质的追求。在设计上，以极致的简约风格为基础，通过闪亮的金属、通透的玻璃以及大量的灯带来凸显空间质感，使之看起来虽然没有过多的华丽装饰造型，但是其高品质的装饰细节却处处透露出一种低调的奢华，从而彰显出一种别具风格的艺术之美。本实例为一个轻奢设计风格的卧室室内灯光表现效果，实例的最终渲染结果及线框图如图5-1和图5-2所示。通过渲染结果，可以看出本实例中所要表现的灯光主要为室内人工照明效果。

图5-1 　　　　　　　　　　　　　　　　　　图5-2

　　打开本书配套场景文件"轻奢卧室.max"，如图5-3所示。接下来将较为典型的常用材质进行详细讲解。

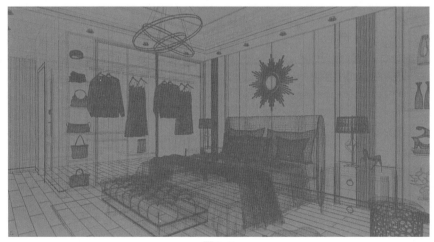

图5-3

5.2　材质制作

5.2.1　制作地板材质

本实例中的地板材质
渲染结果如图5-4所示。

图5-4

01 打开"材质编辑器"
面板。选择一个空白材质
球，将其设置为VRayMtl
材质，如图5-5所示。

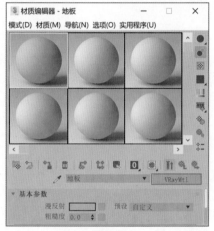
图5-5

02 在"基本参数"卷展栏中，单击"漫反射"后
面的方形按钮，如图5-6所示。

图5-6

03 在系统自动弹出的"材质/贴图浏览器"对话框
中选择"Color Correction（色彩校正）"贴图，
如图5-7所示。

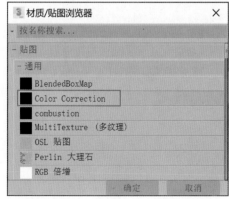
图5-7

04 在Color Correction（色彩校正）贴图的"基

本参数"卷展栏中，为"贴图"添加一张"地板木
纹.jpg"贴图文件。展开"颜色"卷展栏，设置"饱
和度"的值为-60.0，如图5-8所示。

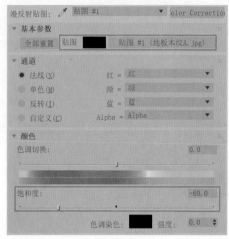
图5-8

05 回到VRayMtl材质的"基本参数"卷展栏中，
设置"反射"的颜色为白色，设置"光泽度"的值为
0.8，制作出地板材质的反射及高光效果，如图5-9
所示。

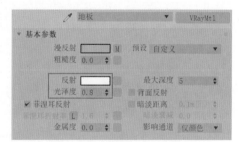
图5-9

06 制作完成后的地板材质球显示结果如图5-10
所示。

图5-10

5.2.2　制作地毯材质

本实例中地毯材质的渲染结果如图5-11所示。

图5-11

01 打开"材质编辑器"面板。选择一个空白材质球，将其设置为VRayMtl材质，如图5-12所示。

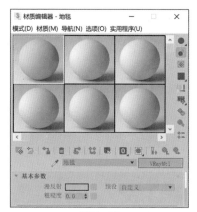

图5-12

02 展开"贴图"卷展栏，为"漫反射"的贴图通道添加一张"地毯.jpg"文件，并以拖曳的方式将"漫反射"贴图通道中的贴图复制到"凹凸"的贴图通道上，如图5-13所示。

贴图			
漫反射	100.0	✓	贴图 #4 (地毯.jpg)
反射	100.0	✓	无贴图
光泽度	100.0	✓	无贴图
折射	100.0	✓	无贴图
光泽度	100.0	✓	无贴图
不透明度	100.0	✓	无贴图
凹凸	30.0	✓	贴图 #4 (地毯.jpg)
置换	100.0	✓	无贴图
自发光	100.0	✓	无贴图
漫反射粗糙度	100.0	✓	无贴图

图5-13

03 制作完成后的地毯材质球显示结果如图5-14所示。

图5-14

5.2.3　制作红色玻璃材质

本实例中的红色玻璃材质渲染结果如图5-15所示。

图5-15

01 打开"材质编辑器"面板。选择一个空白材质球，将其设置为VRayMtl材质，如图5-16所示。

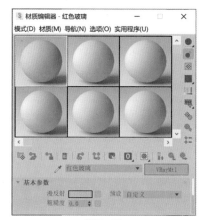

图5-16

02 在"基本参数"卷展栏中，设置"漫反射""反射"和"折射"的颜色均为白色，设置"烟雾颜色"为红色，如图5-17所示。"烟雾颜色"的参数设置如图5-18所示。

图5-17

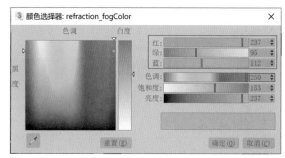

图5-18

03 制作完成后的红色玻璃材质球显示结果如图5-19所示。

图5-19

5.2.4 制作金色金属材质

本实例中金色金属材质的渲染结果如图5-20所示。

01 打开"材质编辑器"面板。选择一个空白材质球,将其设置为VRayMtl材质,如图5-21所示。

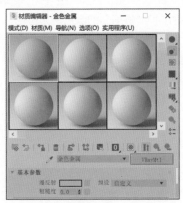

图5-21

02 在"基本参数"卷展栏中,设置"漫反射"和"反射"的颜色如图5-22所示,制作出金属材质的颜色及反射效果。设置"金属度"的值为1.0,增强材质的金属特性,如图5-23所示。

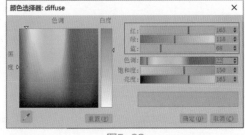

图5-22

图5-23

03 制作完成后的金色金属材质球显示结果如图5-24所示。

图5-24

5.2.5 制作红色陶瓷材质

本实例中的珊瑚形状摆件使用了红色陶瓷材质,渲染结果如图5-25所示。

图5-25

01 打开"材质编辑器"面板。选择一个空白材质球,将其设置为VRayMtl材质,如图5-26所示。

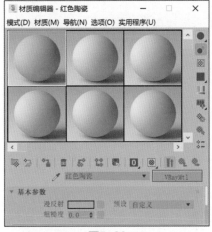

图5-26

02 在"基本参数"卷展栏中,设置"漫反射"的颜色为红色，如图5-27所示。设置"反射"的颜色为白色，如图5-28所示。

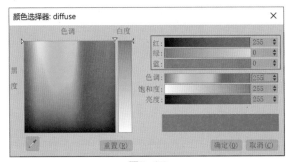

图5-27

图5-28

03 制作完成后的红色陶瓷材质球显示结果如图5-29所示。

图5-29

5.2.6　制作被子材质

本实例中被子材质的渲染结果如图5-30所示。

01 打开"材质编辑器"面板。选择一个空白材质球，将其设置为VRayMtl材质，如图5-31所示。

图5-30

02 在"贴图"卷展栏中，为"漫反射"的贴图通道添加一张"布纹F.jpg"文件，并以拖曳的方式复制到"凹凸"属性的贴图通道中，并设置"凹凸"的值为10.0，如图5-32所示。

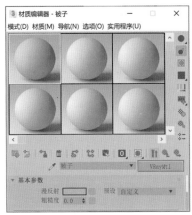

图5-31

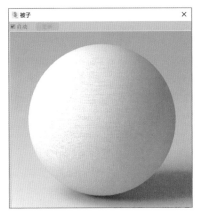

图5-32

03 制作完成后的被子材质球显示结果如图5-33所示。

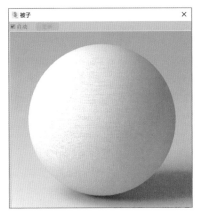

图5-33

5.2.7　制作背景墙布纹材质

本实例中的背景墙布纹材质渲染结果如图5-34所示。

01 打开"材质编辑器"面板。选择一个空白材质球，将其设置为VRayMtl材质，如图5-35所示。

图5-34

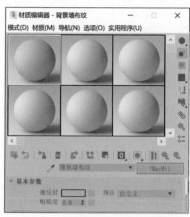

图5-35

02 在"贴图"卷展栏中，为"漫反射"的贴图通道添加一张"布纹F.jpg"文件，并以拖曳的方式复制到"凹凸"属性的贴图通道中，并设置"凹凸"的值为30.0，如图5-36所示。

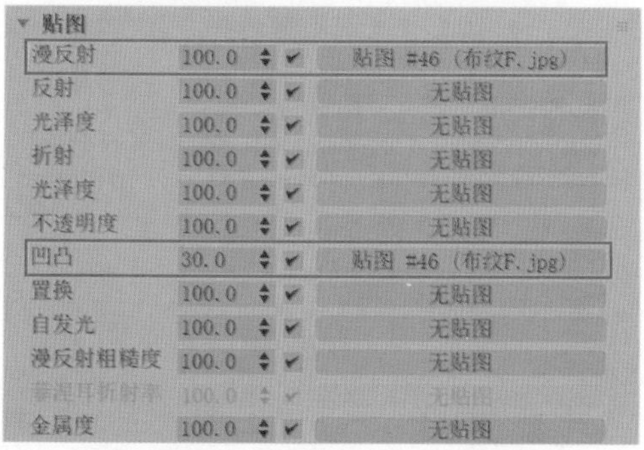

图5-36

03 制作完成后的背景墙布纹材质球显示结果如图5-37所示。

图5-37

5.2.8 制作床头皮革材质

本实例中的床头皮革材质渲染结果如图5-38所示。

图5-38

01 打开"材质编辑器"面板。选择一个空白材质球，将其设置为VRayMtl材质，如图5-39所示。

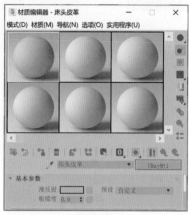

图5-39

02 在"基本参数"卷展栏中，单击"漫反射"后面的方形按钮，如图5-40所示。

图5-40

03 在系统自动弹出的"材质/贴图浏览器"对话框中选择"合成"贴图，如图5-41所示。

图5-41

04 单击"合成层"卷展栏中"层1"里的"无"按钮，如图5-42所示。为其添加一张"皮革.jpg"贴图文件，设置完成后，如图5-43所示。

05 单击"总层数"后面的"添加新层"按钮 ，在新添加"层2"中再次单击"无"按钮，如图5-44所示。

图5-42

图5-43

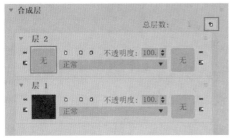

图5-44

06 在系统自动弹出的"材质/贴图浏览器"对话框中选择"VRay颜色"贴图，如图5-45所示。

材质/贴图浏览器

按名称搜索...

VRay 粒子纹理
VRay 距离纹理
VRay 软框
VRay 边纹理
VRay 采样信息纹理
VRay 颜色
VRay 颜色 2 凹凸
VRayICC

确定　　取消

图5-45

07 在"VRay颜色参数"卷展栏中，设置"颜色"为浅红色，如图5-46所示。"颜色"的参数设置如图5-47所示。

▼ VRay 颜色参数

颜色模式.............颜色
温度....................6500.0
红........................0.816
绿........................0.694
蓝........................0.647
RGB 倍增.............1.0
Alpha..................1.0
颜色......................
颜色伽玛..............1.0
RGB 原色............无

图5-46

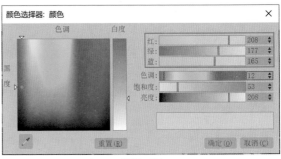

图5-47

08 在"合成层"卷展栏中，将"层2"的"不透明度"值设置为30.0，这样就实现了将"皮革.jpg"贴图文件与浅红色合成到一起的贴图效果，如图5-48所示。

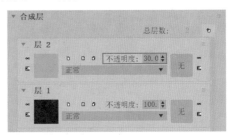

图5-48

09 在"贴图"卷展栏，将"漫反射"贴图通道中的"合成"贴图以拖曳的方式复制到"凹凸"的贴图通道中，并设置"凹凸"的值为35.0，制作出床头皮革材质的凹凸效果，如图5-49所示。

▼ 贴图		
漫反射	100.0 ✔	贴图 #3 （合成）
反射	100.0 ✔	无贴图
光泽度	100.0 ✔	无贴图
折射	100.0 ✔	无贴图
光泽度	100.0 ✔	无贴图
不透明度	100.0 ✔	无贴图
凹凸	35.0 ✔	贴图 #3 （合成）
置换	100.0 ✔	无贴图
自发光	100.0 ✔	无贴图
漫反射粗糙度	100.0 ✔	无贴图
菲涅耳折射率	100.0 ✔	无贴图
金属度	100.0 ✔	无贴图

图5-49

10 展开"基本参数"卷展栏，设置"反射"的颜色为白色，设置"光泽度"的值为0.7，制作出床头皮革材质的高光及反射效果，如图5-50所示。

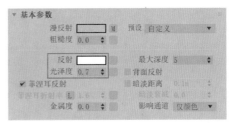

图5-50

11 制作完成后的床头皮革材质球显示结果如图5-51所示。

图5-51

5.2.9 制作抱枕材质

本实例中的抱枕材质渲染结果如图5-52所示。

图5-52

01 打开"材质编辑器"面板。选择一个空白材质球，将其设置为VRayMtl材质，如图5-53所示。

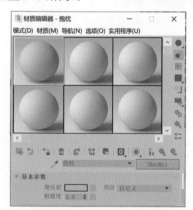

图5-53

02 在"贴图"卷展栏中，为"漫反射"贴图通道上添加一张"布纹C.jpg"文件，制作出抱枕材质的表面纹理，如图5-54所示。

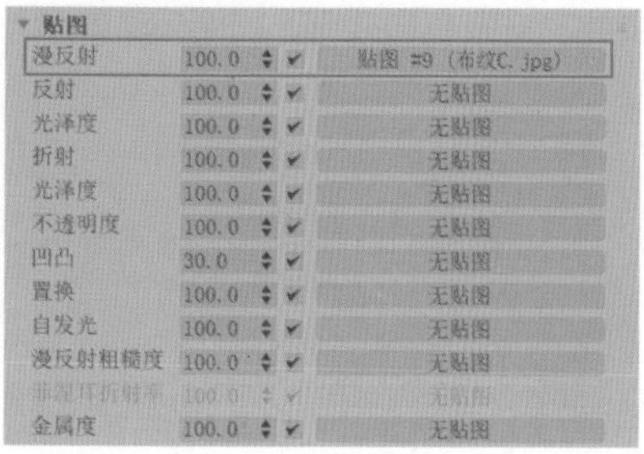

图5-54

03 制作完成后的抱枕材质球显示结果如图5-55所示。

图5-55

5.2.10 制作玻璃材质

本实例中的衣柜采用了带有金属边框的茶色玻璃柜门，使得衣柜不但具有收纳作用，还具备了一定的展示效果，其中柜门上的玻璃材质渲染结果如图5-56所示。

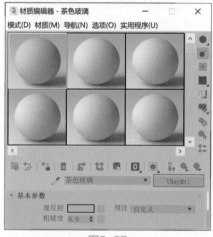

图5-56

01 打开"材质编辑器"面板。选择一个空白材质球，将其设置为VRayMtl材质，如图5-57所示。

图5-57

02 在"基本参数"卷展栏中，设置"漫反射"的颜色为茶色，如图5-58所示。设置"折射"和"烟雾颜色"的颜色为浅棕色，如图5-59所示。设置"反射"的颜色为白色，如图5-60所示。

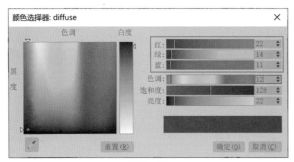

图5-58

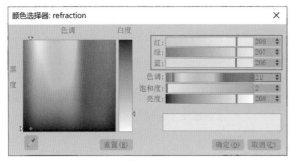

图5-59

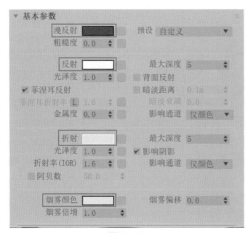

图5-60

03 在"贴图"卷展栏中，为"凹凸"贴图通道添加"噪波"贴图，并设置"凹凸"的值为3.0，如图5-61所示。

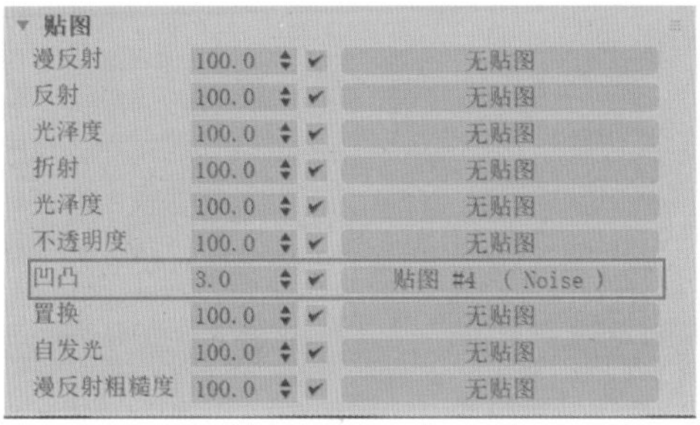

图5-61

04 在"噪波参数"卷展栏中，设置"大小"的值为300.0，如图5-62所示。

图5-62

05 制作完成后的玻璃材质球显示结果如图5-63所示。

图5-63

5.2.11　制作亮黑色衣柜材质

本实例中的亮黑色衣柜材质具有较强的反射效果，渲染结果如图5-64所示。

图5-64

01 打开"材质编辑器"面板。选择一个空白材质球，将其设置为VRayMtl材质，如图5-65所示。

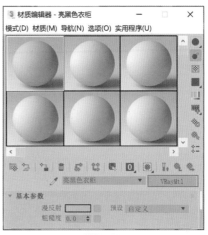

图5-65

02 在"基本参数"卷展栏中，设置"漫反射"的

95

颜色为深灰色，如图5-66所示。

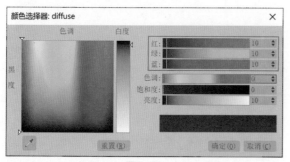

图5-66

03 设置"反射"的颜色为灰色，如图5-67所示。设置"光泽度"的值为0.98，并取消勾选"菲涅耳反射"选项，如图5-68所示。

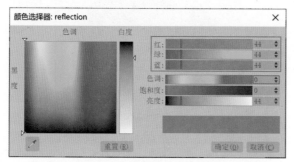

图5-67

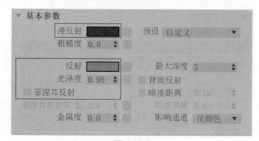

图5-68

04 制作完成后的亮黑色衣柜材质球显示结果如图5-69所示。

图5-69

5.2.12 制作衣服材质

本实例中的衣服材质渲染结果如图5-70所示。

01 打开"材质编辑器"面板。选择一个空白材质球，将其设置为VRayMtl材质，如图5-71所示。

图5-70

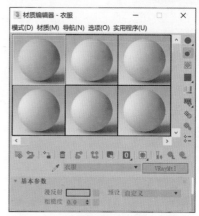

图5-71

02 在"贴图"卷展栏中，在"漫反射"的贴图通道上添加一张"衣服.jpg"文件，制作出衣服材质的表面纹理，如图5-72所示。

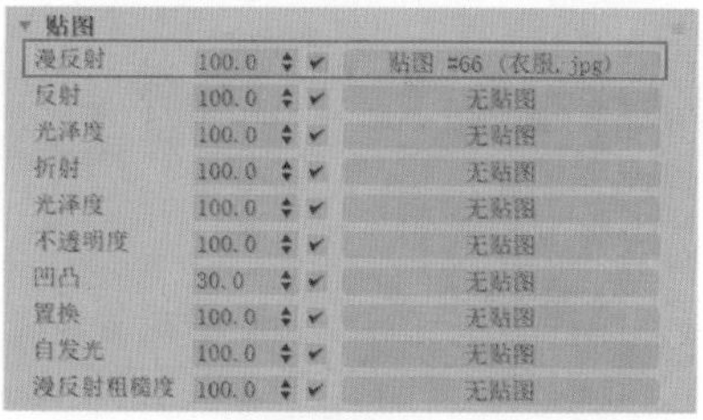

图5-72

03 制作完成后的衣服材质球显示结果如图5-73所示。

图5-73

5.2.13 制作床头柜柜门材质

本实例中床头柜柜门采用了米黄色的漆面质感，渲染结果如图5-74所示。

图5-74

01 打开"材质编辑器"面板。选择一个空白材质球，将其设置为VRayMtl材质，如图5-75所示。

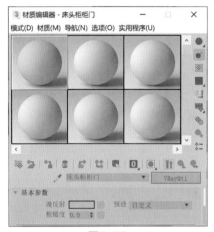

图5-75

02 在"基本参数"卷展栏中，设置"漫反射"的颜色为米黄色，设置"反射"的颜色为灰色，设置"光泽度"的值为0.9，如图5-76所示。"漫反射"颜色的参数设置如图5-77所示。"反射"颜色的参数设置如图5-78所示。

图5-76

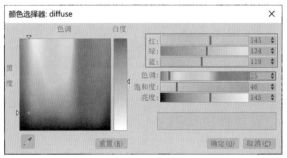

图5-77

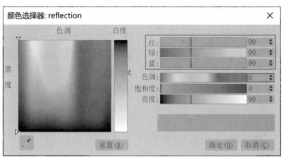

图5-78

03 制作完成后的床头柜柜门材质球显示结果如图5-79所示。

图5-79

5.2.14 制作台灯灯架材质

本实例中的台灯灯架使用的也是金属材质，在颜色上与之前所讲解的金色金属材质略有不同，台灯灯架材质的渲染结果如图5-80所示。

图5-80

01 打开"材质编辑器"面板。选择一个空白材质球，将其设置为VRayMtl材质，如图5-81所示。

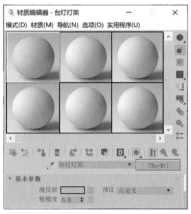

图5-81

02 在"基本参数"卷展栏中，设置"漫反射"和"反射"的颜色如图5-82所示，制作出金属材质的颜色及反射效果。设置"金属度"的值为1.0，增强材质的金属特性，如图5-83所示。

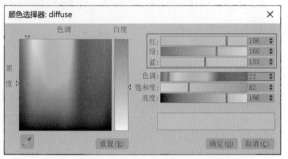

图5-82

图5-83

03 制作完成后的台灯灯架材质球显示结果如图5-84所示。

图5-84

5.2.15 制作亚光金色金属材质

本实例中背景墙上的装饰品采用了亚光金色金属材质，渲染结果如图5-85所示。

图5-85

01 打开"材质编辑器"面板。选择一个空白材质球，将其设置为VRayMtl材质，如图5-86所示。

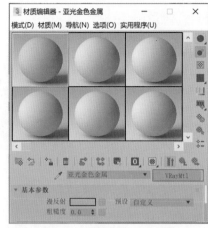

图5-86

02 在"基本参数"卷展栏中，设置"漫反射"的颜色如图5-87所示。设置"反射"的颜色如图5-88所示。设置"光泽度"的值为0.7，并取消勾选"菲涅耳反射"选项，如图5-89所示。

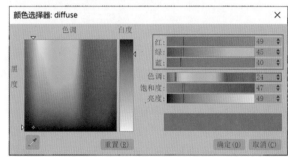

图5-87

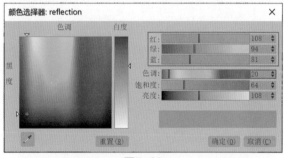

图5-88

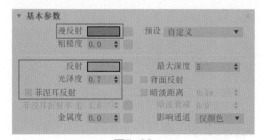

图5-89

03 制作完成后的亚光金色金属材质球显示结果如图5-90所示。

图5-90

5.2.16 制作吊灯灯光材质

本实例中卧室正上方的吊灯灯管采用了灯光材质进行制作，渲染结果如图5-91所示。

图5-91

01 打开"材质编辑器"面板。选择一个空白材质球，将其设置为VRay灯光材质，如图5-92所示。

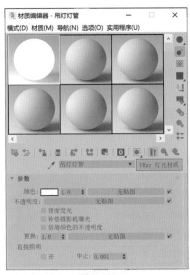

图5-92

02 在"参数"卷展栏中，设置"颜色"的值为100.0，如图5-93所示。

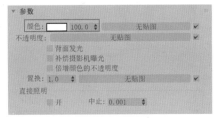

图5-93

03 制作完成后的吊灯灯光材质球显示结果

如图5-94所示。

图5-94

技术专题 "VRay 灯光材质"参数解析

"VRay灯光材质"是一种较为特殊的材质，渲染较快，并且允许将场景中的一个物体变成一个真正的光源，其参数设置如图5-95所示。

图5-95

常用参数解析

● 颜色：用于指定材质的自发光颜色以及发光强度。如图5-96所示为不同"颜色"下的VRay灯光材质渲染结果对比。

图5-96

● 不透明度：用于设置影响VRay灯光材质不透明度的贴图。

● 背面发光：勾选该选项，对象的背面也会发光，如图5-97所示为勾选了"背面发光"选项前后的渲染结果对比。

图5-97

- 补偿摄影机曝光：勾选该选项，将自动调整灯光的强度，以补偿摄影机的曝光校正。
- 倍增颜色的不透明度：勾选该选项，灯光材质的颜色会乘以不透明度的贴图纹理。
- 置换：使用贴图来实现材质的置换效果，如图5-98所示为"置换"属性添加了"棋盘格"贴图后的渲染结果。

图5-98

- "直接照明"组
  - 开：勾选该选项，材质开启直接照明计算。
  - 中止：设置材质灯光强度的阈值，当灯光强度低于该值将不会计算直接照明。

5.3 摄影机参数设置

01 在"创建"面板中，将"摄影机"的下拉列表切换至VRay，单击"（VR）物理摄影机"按钮，如图5-99所示。

图5-99

02 在"顶"视图中如图5-100所示位置处创建一个（VR）物理摄影机。

03 在"前"视图中，调整摄影机及摄影机目标点的位置至如图5-101所示。

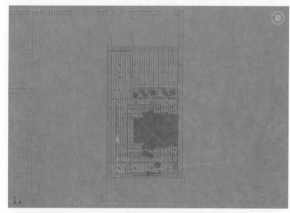

图5-100

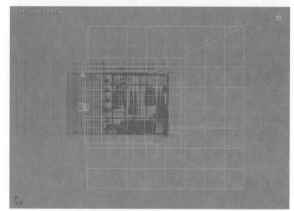

图5-101

04 选择场景中的摄影机，在"修改"面板中，展开"传感器和镜头"卷展栏，设置"胶片规格（毫米）"的值为70.5，如图5-102所示。

05 设置完成后，按下C键，切换至"摄影机"视图，卧室的摄影机展示角度如图5-103所示。

图5-102

图5-103

5.4　灯光设置

本实例主要突出表现室内灯光的照射效果，所以室外的天光照明强度要设置低一些，具体操作步骤如下。

5.4.1　制作天光照明效果

01 在"创建"面板中，将"灯光"的下拉列表切换至VRay，单击"（VR）灯光"按钮，如图5-104所示。

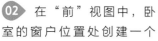

02 在"前"视图中，卧室的窗户位置处创建一个"（VR）灯光"，如图5-105所示。"（VR）灯光"的大小与窗户模型相匹配，如果创建之后不是特别匹配，可以通过"缩放"工具来调整"（VR）灯光"的大小。

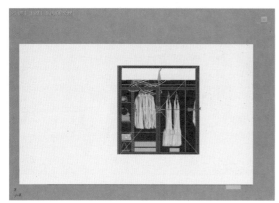

图5-105

03 按下T键，切换至"顶"视图。调整"（VR）灯光"的位置至如图5-106所示，使其位于卧室窗户的外面。

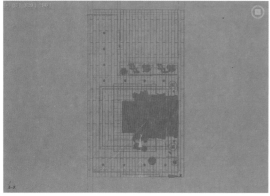

图5-106

04 在"修改"面板中，展开"常规"卷展栏。设置"倍增"值为100.0，设置"模式"为"温度"选项，设置"温度"的值为10000.0，这时，可以看到"颜色"自动改变为天蓝色，如图5-107所示。

图5-107

05 设置完成后，渲染场景，渲染结果如图5-108所示，场景里已经有了微弱的天光照明效果。

图5-108

5.4.2　制作灯带照明效果

01 在"创建"面板中，将下拉列表切换至VRay，单击"（VR）灯光"按钮，如图5-109所示。

图5-109

02 在场景中如图5-110所示位置处，创建一个"（VR）灯光"用来模拟吊顶上的灯带照明效果。

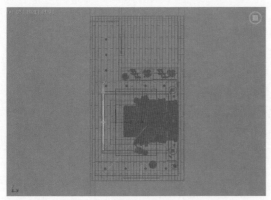

图5-110

03 在"前"视图中，旋转完成灯光的照射角度后，移动其位置至如图5-111所示。

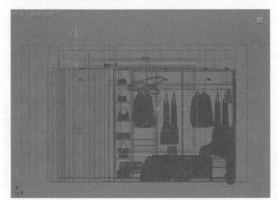

图5-111

04 在"修改"面板中，展开"常规"卷展栏。设置"倍增"的值为100.0，设置灯光的"颜色"为橙色，如图5-112所示。"颜色"的参数设置如图5-113所示。

图5-112

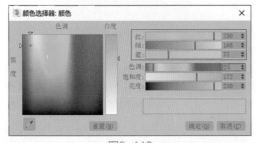

图5-113

05 灯光的参数设置完成后，在"顶"视图中，对其进行复制并分别调整角度和位置至如图5-114所示，用来模拟其他三处位置的灯带照明效果。

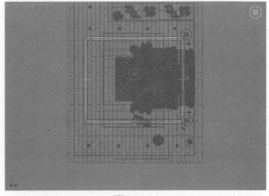

图5-114

06 设置完成后，渲染场景，灯带的渲染结果如图5-115所示。

图5-115

5.4.3　制作射灯照明效果

01 在"创建"面板中，将下拉列表切换至VRay，单击"（VR）光域网"按钮，如图5-116所示。

图5-116

02 在"前"视图中，如图5-117所示射灯模型位置下方创建一个"（VR）光域网"灯光。

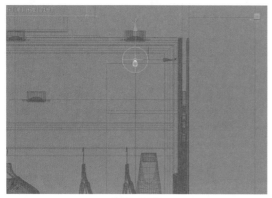

图5-117

03 在"顶"视图中，调整"（VR）光域网"灯光的位置至如图5-118所示。

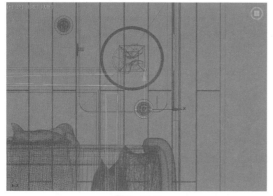

图5-118

04 按住Shift键，对"（VR）光域网"灯光进行复制，在系统自动弹出的"克隆选项"对话框中，选择"实例"选项，如图5-119所示。这样复制出来的"（VR）光域网"灯光是相互关联的关系，在后续的参数调整上，只需要调整场景中任意一个"（VR）光域网"灯光，就会对场景中的所有"（VR）光域网"灯光进行更改。

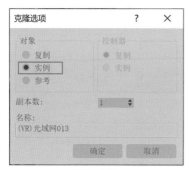

图5-119

05 对复制出来的"（VR）光域网"灯光进行位置调整，制作出整个卧室里的射灯照明效果，如图5-120所示。

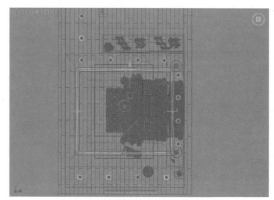

图5-120

06 在"修改"面板中，为"（VR）光域网"灯光的"IES文件"属性添加"射灯C.IES"文件，设置"颜色模式"为"温度"选项，设置"色温"的值为3500.0，这样，灯光的"颜色"会自动改变为橙色，设置"强度值"为13000.0，如图5-121所示。

图5-121

07 设置完成后，渲染场景，射灯照明的渲染结果如图5-122所示。

etc.

图5-122

5.4.4 制作衣柜灯带照明效果

01 在"创建"面板中，将下拉列表切换至VRay，单击"（VR）灯光"按钮，如图5-123所示。

图5-123

02 在场景中如图5-124所示位置处，创建一个"（VR）灯光"用来模拟衣柜中格子里的灯带照明效果。

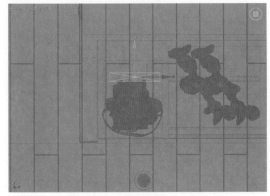

图5-124

03 在"透视"视图中，移动其位置至衣柜格子里的上方，如图5-125所示。

图5-125

04 在"修改"面板中，展开"常规"卷展栏。设置"倍增"的值为1200.0，设置灯光的"模式"为"温度"，设置"温度"的值为3500.0，这时灯光的"颜色"会自动变为橙色，如图5-126所示。

图5-126

05 灯光的参数设置完成后，在"透视"视图中，对其进行复制并分别调整角度和位置至如图5-127和图5-128所示，制作出衣柜及床头边柜格子里的所有灯带照明效果。

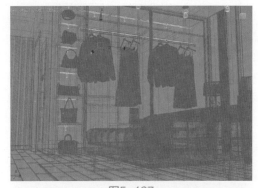

图5-127

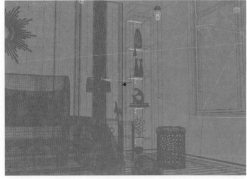

图5-128

06　设置完成后，渲染场景，衣柜灯带的渲染结果如图5-129所示。

图5-129

5.4.5　制作吊灯照明效果

01　在"创建"面板中，将下拉列表切换至VRay，单击"（VR）灯光"按钮，如图5-130所示。

图5-130

02　在场景中如图5-131所示吊灯位置处，创建一个"（VR）灯光"用来模拟吊灯照明效果。

图5-131

03　在"修改"面板中，展开"常规"卷展栏，设置"类型"为"球体"，设置"半径"值为0.2m，设置"倍增"值为200.0，设置灯光的"颜色"为白色，如图5-132所示。

图5-132

04　调整完成后，在"透视"视图中移动灯光的位置至如图5-133所示。

图5-133

05　设置完成后，渲染场景，这次在吊灯的上方可以看到清晰的光影效果，渲染结果如图5-134所示。

图5-134

06　最后，将每一步灯光添加完成后的渲染结果放在一起，通过对比来观察这些灯光添加之后的图像渲染结果，如图5-135~图5-139所示。

图5-135

图5-136

图5-137

图5-138

图5-139

5.5　渲染及后期设置

5.5.1　渲染设置

01　打开"渲染设置"面板，可以看到本场景已经预先设置完成使用VRay渲染器渲染场景，如图5-140所示。

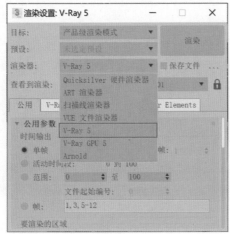

图5-140

02　在"公用"选项卡中，设置渲染输出图像的"宽度"为2400，"高度"为1800，如图5-141所示。

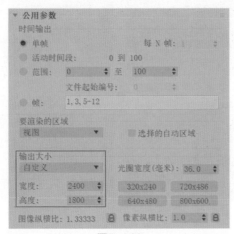

图5-141

03　在V-Ray选项卡中，展开"图像采样器（抗锯齿）"卷展栏，设置渲染的"类型"为"渲染块"，如图5-142所示。

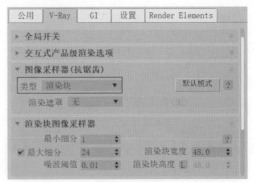

图5-142

04　在GI选项卡中，展开"全局照明"卷展栏，设置"首次引擎"的选项为"发光贴图"，设置"饱和度"的值为0.5，如图5-143所示。

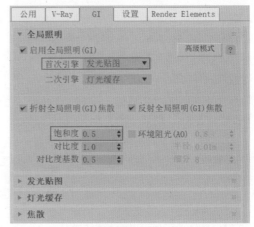

图5-143

05　在"发光贴图"卷展栏中，将"当前预设"选择为"自定义"，并设置"最小比率"和"最大比率"的值均为-1，如图5-144所示。

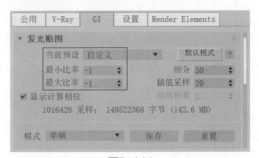

图5-144

06　设置完成后，渲染场景，渲染结果如图5-145所示。

图5-145

5.5.2　后期处理

01 在"V-Ray帧缓冲区"面板中可以对渲染出来
的图像进行细微
调整。单击"图
层"选项卡中的
"创建图层"按钮
，如图5-146
所示。

图5-146

02 在弹出的下拉菜单中选择"曲线"命令，如
图5-147所示。

图5-147

03 在"曲线"卷展栏中，调整曲线的形态至如
图5-148所示，可以提高渲染图像的亮度。

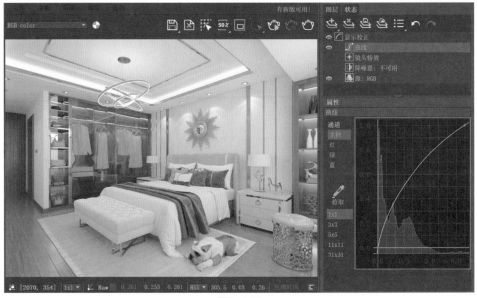

图5-148

04 以相同的方式添加一个"曝光"图层，在"曝光"卷展栏中，设置"曝光"的值为0.100，设置"对比度"的值为0.050，如图5-149所示，增加图像的层次感。

图5-149

05 本实例的最终图像渲染结果如图5-150所示。

图5-150

技术专题 如何渲染线框效果图

线框效果图通过渲染出模型的布线结构来反映建模师的建模技术水平，是广大建模爱好者普遍喜欢的一种渲染表达方式，如图5-151所示。

线框效果图的渲染设置与正常效果图的渲染设置步骤基本一样，只要将场景中模型的材质设置为线框材质后渲染即可。需要注意的是，有两类模型在一般情况下不设置线框材质：一是场景中涉及玻璃材质的窗户或玻璃门，如果将其设置为线框材质，势必会遮挡住室外灯光进而对场景中的照明产生较大影响；二是场景中用于模拟室外背景环境的环境材质，由于环境材质通常需要开启发光属性，所以将环境材质设置为线框材质后，也会对场景照明产生一定的影响效果。在本实例中，由于衣柜具有一定的展示作用，故衣柜柜门上的玻璃模型不要设置为线框材质。此外，本实例中的射灯灯泡和吊灯灯带模型也不要设置为线框材质。

图5-151

线框效果图的渲染制作步骤如下。

01 打开本实例场景文件，将该场景文件另存为一份Max文件并重命名为"线框材质.max"，如图5-152所示。

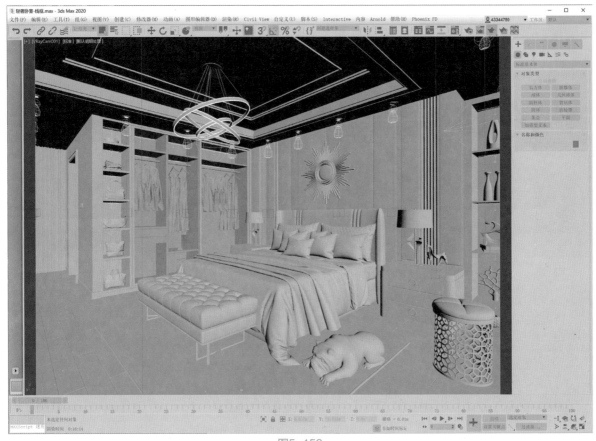

图5-152

02 选择场景中的所有模型，按住Alt键，以单击的方式排除场景中的衣柜玻璃模型、吊灯灯带模型和射灯灯泡模型，为所选择的模型指定一个新的VRayMtl材质球，如图5-153所示。

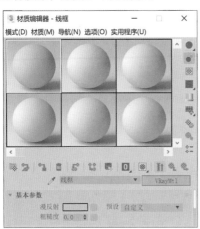

图5-153

03 在"基本参数"卷展栏中，单击"漫反射"后

面的方形按钮，在自动弹出的"材质/贴图浏览器"对话框中选择"VRay边纹理"选项，如图5-154所示。

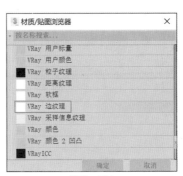

图5-154

04 在"VRay边纹理参数"卷展栏中，设置"颜色"为灰色，设置"像素宽度"的值为0.6，如图5-155所示。"颜色"的参数设置如图5-156所示。

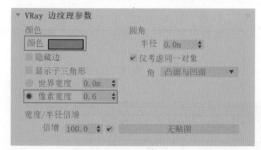

图5-155

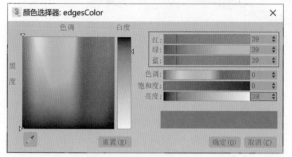

图5-156

05 制作完成后的线框材质球显示效果如图5-157所示。

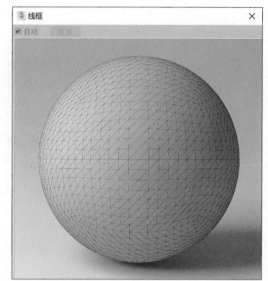

图5-157

06 设置完成后，渲染场景，渲染结果如图5-158所示。

图5-158

第6章

中式风格接待大厅日景灯光表现

6.1 效果展示

本实例为一个中式装修风格设计的大厅日景灯光表现效果。实例的最终渲染结果及线框图如图6-1和图6-2所示。

| 图6-1 | 图6-2 |

打开本书配套场景文件"大厅.max",如图6-3所示。接下来将较为典型的常用材质进行详细讲解。

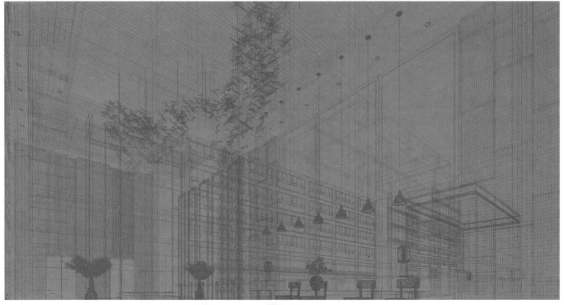

图6-3

6.2 材质制作

6.2.1 制作地砖材质

本实例中的地砖材质渲染结果如图6-4所示。

图6-4

01 打开"材质编辑器"面板。选择一个空白材质球，将其设置为VRayMtl材质，如图6-5所示。

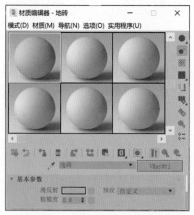

图6-5

02 展开"贴图"卷展栏，为"漫反射"的贴图通道添加一张"地砖N.jpg"文件，制作出地砖材质的表面纹理。为"凹凸"的贴图通道添加"噪波"贴图，并设置"凹凸"的值为3.0，如图6-6所示。

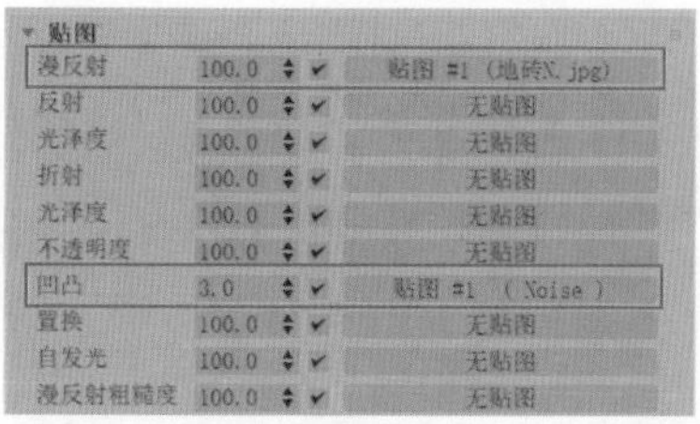

图6-6

03 在"噪波参数"卷展栏中，设置噪波的"大小"值为700.0，如图6-7所示。

图6-7

04 在"基本参数"卷展栏中，设置"反射"的颜色为白色，如图6-8所示。

图6-8

05 制作完成后的地砖材质球显示结果如图6-9所示。

图6-9

6.2.2 制作大理石背景墙材质

本实例中大理石背景墙材质的渲染结果如图6-10所示。

图6-10

01 打开"材质编辑器"面板。选择一个空白材质球，将其设置为VRayMtl材质，如图6-11所示。

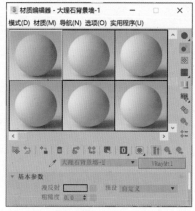

图6-11

02 展开"贴图"卷展栏，为"漫反射"的贴图通道添加一张"画-1.jpg"文件，制作出大理石背景墙材质的表面纹理，为"凹凸"的贴图通道添加"噪波"贴图，并设置"凹凸"的值为3.0，如图6-12所示。

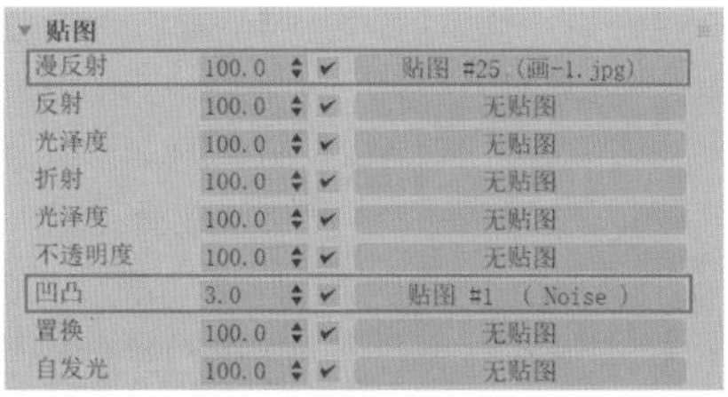

图6-12

03 在"噪波参数"卷展栏中，设置噪波的"大小"值为700.0，如图6-13所示。

图6-13

04 在"基本参数"卷展栏中，设置"反射"的颜色为白色，如图6-14所示。

图6-14

05 制作完成后的大理石背景墙材质球显示结果如图6-15所示。

图6-15

6.2.3　制作大理石桌面材质

本实例中大理石桌面材质的渲染结果如图6-16所示。

图6-16

01 打开"材质编辑器"面板。选择一个空白材质球，将其设置为VRayMtl材质，如图6-17所示。

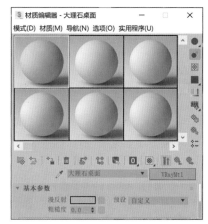

图6-17

02 在"贴图"卷展栏中，为"漫反射"的贴图通道添加一张"大理石N.jpg"文件，制作出大理石桌面材质的表面纹理，如图6-18所示。

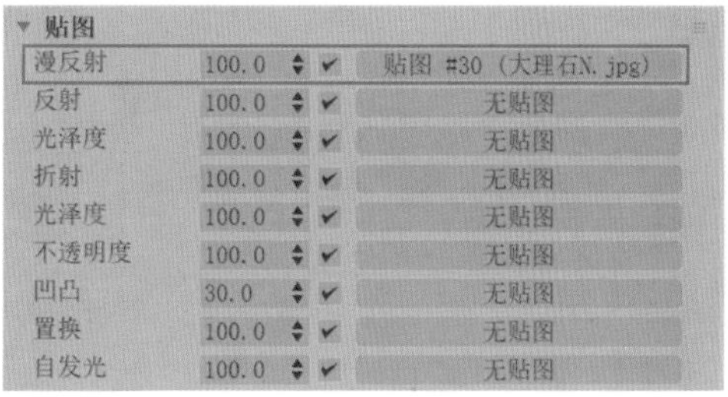

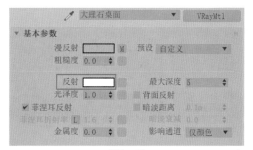

图6-18

03 在"基本参数"卷展栏中，设置"反射"的颜色为白色，如图6-19所示。

图6-19

04 制作完成后的大理石桌面材质球显示结果如图6-20所示。

图6-20

6.2.4 制作黑色陶瓷花瓶材质

本实例中黑色陶瓷花瓶材质的渲染结果如图6-21所示。

图6-21

01 打开"材质编辑器"面板。选择一个空白材质球，将其设置为VRayMtl材质，如图6-22所示。

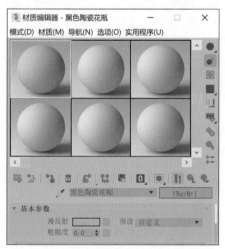

图6-22

02 在"基本参数"卷展栏中，设置"漫反射"的颜色为深灰色，设置"反射"的颜色为灰色。设置"光泽度"的值为0.8，取消勾选"菲涅耳反射"选项，如图6-23所示。其中，"漫反射"的颜色参数设置如图6-24所示，"反射"的颜色参数设置如图6-25所示。

03 制作完成后的黑色陶瓷花瓶材质球显示结果如图6-26所示。

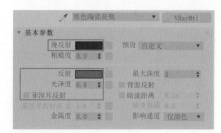

图6-23

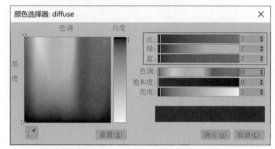

图6-24

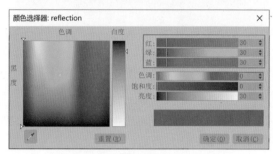

图6-25

图6-26

6.2.5 制作电梯门金属材质

本实例中电梯门金属材质的渲染结果如图6-27所示。

01 打开"材质编辑器"面板。选择一个空白材质球，将其设置为VRayMtl材质，如图6-28所示。

图6-27

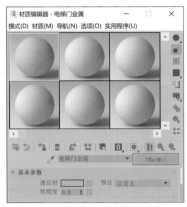

图6-28

02 在"贴图"卷展栏中,为"反射"的贴图通道添加"Falloff(衰减)"贴图,如图6-29所示。

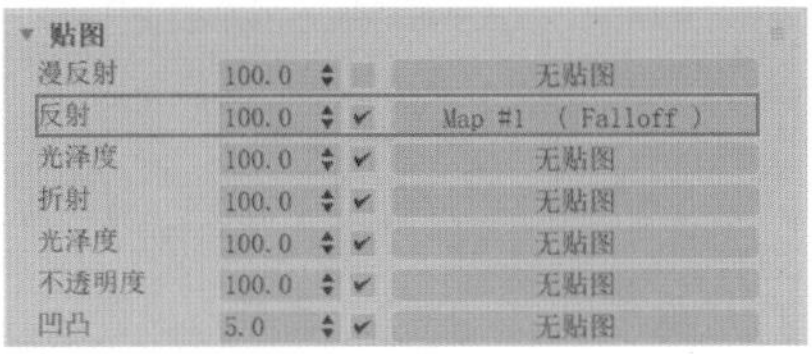

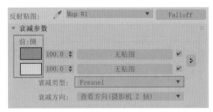

图6-29

03 在"衰减参数"卷展栏中,分别设置"前:侧"的颜色为灰色和黄色,并设置"衰减类型"的选项为"Fresnel",如图6-30所示。其中,"前:侧"的颜色参数设置如图6-31和图6-32所示。

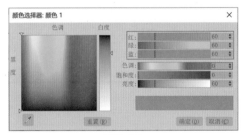

图6-30

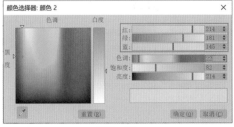

图6-31

图6-32

04 在"基本参数"卷展栏中,设置"漫反射"的颜色为棕色,设置"光泽度"的值为0.95,并取消勾选"菲涅耳反射"选项,如图6-33所示。"漫反射"的颜色参数设置如图6-34所示。

图6-33

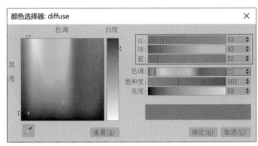

图6-34

05 制作完成后的电梯门金属材质球显示结果如图6-35所示。

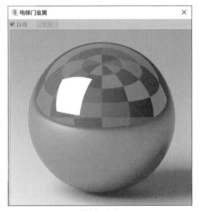

图6-35

6.2.6 制作生态木墙材质

本实例中生态木墙材质的渲染结果如图6-36所示。

图6-36

01 打开"材质编辑器"面板。选择一个空白材质球,将其设置为VRayMtl材质,如图6-37所示。

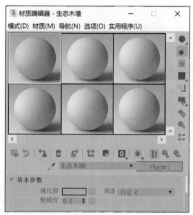

图6-37

02 在"贴图"卷展栏中,为"漫反射"的贴图通道添加一张"木纹L.jpg"文件,制作出生态木墙材质的表面纹理,如图6-38所示。

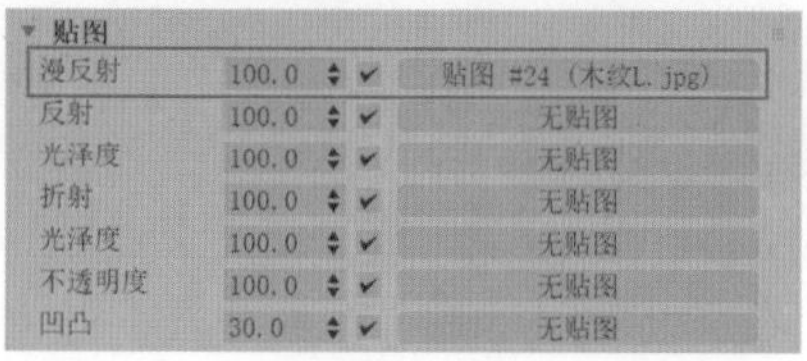

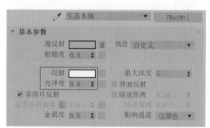

图6-38

03 在"基本参数"卷展栏中,设置"反射"的颜色为白色,设置"光泽度"的值为0.8,如图6-39所示。

图6-39

04 制作完成后的生态木墙材质球显示结果如图6-40所示。

图6-40

6.2.7 制作挂画材质

本实例中的挂画材质具有一定的通透性,渲染结果如图6-41所示。

图6-41

01 打开"材质编辑器"面板。选择一个空白材质球,将其设置为VRayMtl材质,如图6-42所示。

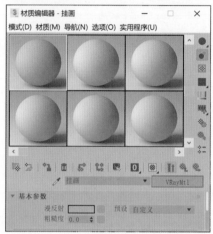

图6-42

02 在"贴图"卷展栏中,为"漫反射"的贴图通道添加一张"山水画A.jpeg"文件,如图6-43所示。

图6-43

03 在"基本参数"卷展栏中,设置"折射"的颜色为灰色,如图6-44所示。"折射"的颜色参数设置如图6-45所示。

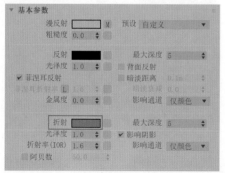

图6-44

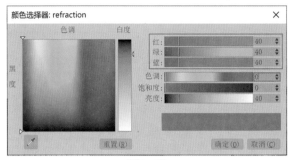

图6-45

04 制作完成后的挂画材质球显示结果如图6-46所示。

图6-46

6.2.8　制作水晶吊灯材质

本实例中的水晶吊灯材质渲染结果如图6-47所示。

图6-47

01 打开"材质编辑器"面板。选择一个空白材质球，将其设置为VRayMtl材质，如图6-48所示。

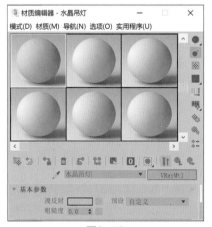

图6-48

02 在"基本参数"卷展栏中，设置"漫反射""反射"和"折射"的颜色为白色，设置"折射率（IOR）"的值为2.4，设置"烟雾颜色"为黄色，如图6-49所示。"烟雾颜色"的参数设置如图6-50所示。

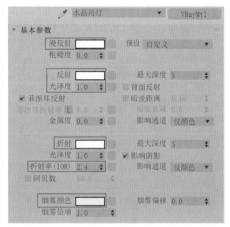

图6-49

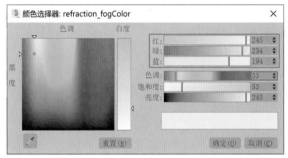

图6-50

03 制作完成后的水晶吊灯材质球显示结果如图6-51所示。

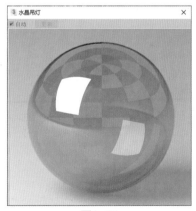

图6-51

6.2.9　制作灯罩金属材质

本实例中的灯罩内部采用了较亮的金属材质，渲染结果如图6-52所示。

01 打开"材质编辑器"面板。选择一个空白材质球，将其设置为VRayMtl材质，如图6-53所示。

图6-52

图6-53

02 在"基本参数"卷展栏中，设置"漫反射"和"反射"的颜色为白色，设置"光泽度"的值为0.9，设置"金属度"的值为1.0，如图6-54所示。

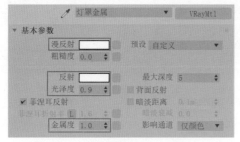

图6-54

03 制作完成后的灯罩金属材质球显示结果如图6-55所示。

图6-55

6.2.10 制作深色金属材质

本实例中的屏风使用了颜色较暗的深色金属材质，渲染结果如图6-56所示。

图6-56

01 打开"材质编辑器"面板。选择一个空白材质球，将其设置为VRayMtl材质，如图6-57所示。

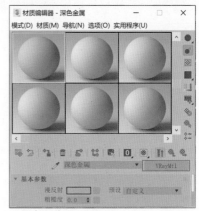

图6-57

02 展开"贴图"卷展栏，为"漫反射"的贴图通道添加一张"铜纹理.jpg"文件，并以拖曳的方式复制到"凹凸"的贴图通道中，如图6-58所示。

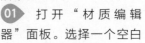

图6-58

03 在"基本属性"卷展栏中，设置"反射"的颜色为棕色，设置"光泽度"的值为0.93，并取消勾选"菲涅耳反射"选项，如图6-59所示。"反射"的颜色参数设置如图6-60所示。

图6-59

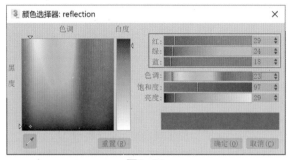

图6-60

04 制作完成后的深色金属材质球显示结果如图6-61所示。

图6-61

6.2.11　制作木制背景墙材质

本实例中的木制背景墙材质渲染结果如图6-62所示。

01 打开"材质编辑器"面板。选择一个空白材质球，将其设置为VRayMtl材质，如图6-63所示。

图6-62

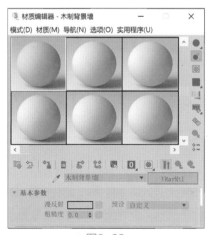

图6-63

02 在"贴图"卷展栏中，为"漫反射"的贴图通道添加一张"木纹F.jpg"贴图文件，如图6-64所示。

图6-64

03 在"基本参数"卷展栏中，设置"反射"的颜色为白色，设置"光泽度"的值为0.6，如图6-65所示。

图6-65

04 制作完成后的木制背景墙材质球显示结果如图6-66所示。

图6-66

6.3　摄影机参数设置

01 在"创建"面板中，将"摄影机"的下拉列表切换至VRay，单击"（VR）物理摄影机"按钮，如图6-67所示。

图6-67

02 在"顶"视图中如图6-68所示位置处创建一个（VR）物理摄影机。

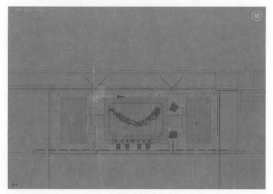

图6-68

03 在"前"视图中，调整摄影机及摄影机目标点的位置至如图6-69所示。

图6-69

04 选择场景中的摄影机，在"修改"面板中，展开"传感器和镜头"卷展栏，设置"胶片规格（毫米）"的值为70.0，如图6-70所示。

05 在"光圈"卷展栏中，设置"胶片速度（ISO）"的值为150.0，设置"快门速度"的值为100.0，如图6-71所示。

图6-70　　　　　　图6-71

06 在"倾斜和移动"卷展栏中，单击"猜测垂直倾斜"按钮，如图6-72所示。

图6-72

07 设置完成后，按下C键，切换至"摄影机"视图，本实例中的摄影机展示角度如图6-73所示。

图6-73

技术专题 **"光圈"卷展栏参数解析**

"（VR）物理摄影机"的一个特色功能就是可以通过调整"光圈"卷展栏中的命令来控制渲染画面的明亮程度，其参数设置如图6-74所示。

图6-74

常用参数解析

- 胶片速度（ISO）：控制渲染图像的明暗程度。值越大，图像越亮；值越小，图像越暗。如图6-75和图6-76所示分别为该值是100和200的渲染图像结果对比。

图6-75　　　　　　图6-76

- 光圈数：摄制摄影机的光圈大小，以此用来控制摄影机渲染图像的最终亮度。值越小，图像越亮。如图6-77和图6-78所示分别为该值是7和10的渲染图像结果对比。

图6-77　　　　　图6-78

- 快门速度（s^-1）：模拟快门来控制进光的时间，值越小，进光时间越长，图像越亮；值越大，进光时间越短，图像越暗。如图6-79和图6-80所示分别为该值是50和150的渲染图像结果对比。

图6-79　　　　　图6-80

- 快门角度（度）：当（VR）物理摄影机的类型更换为摄影机（电影）时，可激活该参数。同样也可以用来调整渲染画面的明暗度。
- 快门偏移（度）：当（VR）物理摄影机的类型更换为摄影机（电影）时，可激活该参数。主要用来控制快门角度的偏移。
- 延迟（秒）：当（VR）物理摄影机的类型更换为摄像机（DV）时，可激活该参数。同样也可以用来调整渲染画面的明暗度。

6.4　灯光设置

本实例主要突出表现阳光从窗户外透射进室内的照射效果，灯光设置的具体操作步骤如下。

6.4.1　制作阳光照明效果

01　在"创建"面板中，将"灯光"的下拉列表切换至VRay，单击"（VR）太阳"按钮，如图6-81所示。

02　在"顶"视图中，创建一个"（VR）太阳"灯光，如图6-82所示。

图6-81

创建完成后，在系统自动弹出的"V-Ray太阳"对话框中，单击"是"按钮，为该场景自动添加"VRay天空"环境贴图，如图6-83所示。

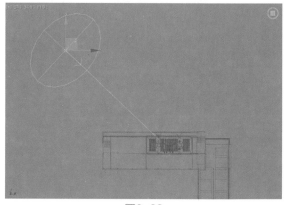

图6-82

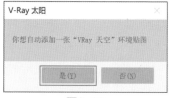

图6-83

03　按下L键，切换至"左"视图。调整"（VR）太阳"灯光的高度至如图6-84所示。

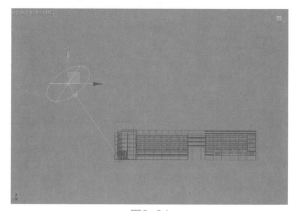

图6-84

04　在"修改"面板中，展开"太阳参数"卷展栏。设置"大小倍增"值为5.0，如图6-85所示。

05　设置完成后，渲染场景，阳光的渲染结果如图6-86所示。

图6-85

图6-86

6.4.2 制作灯带照明效果

01 在"创建"面板中，将下拉列表切换至VRay，单击"（VR）灯光"按钮，如图6-87所示。

图6-87

02 在场景中如图6-88所示位置处，创建一个"（VR）灯光"用来模拟吊顶上的灯带照明效果。

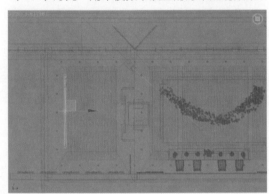

图6-88

03 在"左"视图中，旋转完成灯光的照射角度后，移动其位置至如图6-89所示。

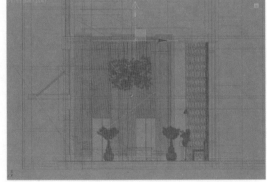

图6-89

04 在"修改"面板中，展开"常规"卷展栏。

设置"倍增"的值为150.0，设置灯光的"模式"为"温度"，设置"温度"的值为4500.0，设置完成后，可以看到灯光的"颜色"会受"温度"值的影响变为橙色，如图6-90所示。

图6-90

05 灯光的参数设置完成后，在"顶"视图中，对其进行复制并分别调整角度和位置至如图6-91所示，用来模拟其他几处位置的灯带照明效果。

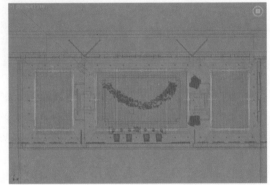

图6-91

06 设置完成后，渲染场景，灯带的渲染结果如图6-92所示。

图6-92

6.4.3 制作射灯照明效果

01 在"创建"面板中，将下拉列表切换至VRay，单击"（VR）光域网"按钮，如图6-93所示。

图6-93

02 在"前"视图中，如图6-94所示的射灯模型位置下方创建一个"（VR）光域网"灯光。

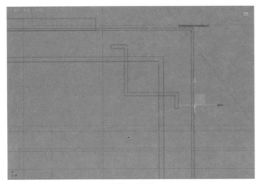

图6-94

03 在"顶"视图中，调整"（VR）光域网"灯光的位置至如图6-95所示。

图6-95

04 按住Shift键，对"（VR）光域网"灯光进行复制并调整其位置，制作出整个大厅里的射灯照明效果，如图6-96所示。

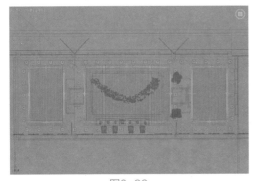

图6-96

05 在"修改"面板中，为"（VR）光域网"灯光的"IES文件"属性添加"大厅射灯.IES"文件，设置"颜色模式"为"温度"，设置"色温"的值为3500.0，这样，灯光的"颜色"会自动改变为橙色，设置"强度值"为552000.0，如图6-97所示。

图6-97

06 设置完成后，渲染场景，射灯照明的渲染结果如图6-98所示。

图6-98

6.4.4　制作吊灯照明效果

01 在"创建"面板中，将下拉列表切换至VRay，单击"（VR）灯光"按钮，如图6-99所示。

图6-99

02 在场景中如图6-100所示吊灯位置处，创建一个"（VR）灯光"用来模拟吊灯照明效果。

图6-100

03 在"修改"面板中，展开"常规"卷展栏，设置"类型"为"球体"，设置"半径"值为0.224m，设置"倍增"值为300.0，如图6-101所示。

04 调整完成后，在"透视"视图中移动灯光的位置至如图6-102所示。

图6-101

图6-102

05 按住Shift键，复制出另外两个灯光并调整位置

至如图6-103所示。

图6-103

06 设置完成后，渲染场景，这次在吊灯的上方可以看到清晰的光影效果，渲染结果如图6-104所示。

图6-104

07 最后，将每一步灯光添加完成后的渲染结果放在一起，通过对比来观察这些灯光添加之后的图像渲染结果，如图6-105~图6-108所示。

图6-105

图6-106

图6-107

图6-108

6.5 渲染及后期设置

6.5.1 渲染设置

01 打开"渲染设置：V-Ray 5"面板，可以看到本场景已经预先设置完成使用VRay渲染器渲染场景，如图6-109所示。

图6-109

02 在"公用参数"选项卡中，设置渲染输出图像的"宽度"为2400，"高度"为1800，如图6-110所示。

03 在V-Ray选项卡中，展开"图像采样器（抗锯齿）"卷展栏，设置渲染的"类型"为"渲染块"，如图6-111所示。

04 在GI选项卡中，展开"全局照明"卷展栏，设置"首次引擎"的选项为"发光贴图"，设置"二次引擎"的选项为"灯光缓存"，设置"饱和度"的值为0.5，如图6-112所示。

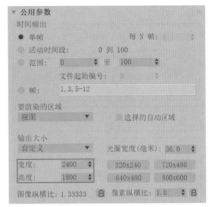

图6-110

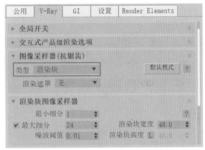

图6-111

图6-112

05 设置完成后，渲染场景，渲染结果如图6-113所示。

图6-113

6.5.2 后期处理

01 在"V-Ray帧缓冲区"面板中，可以对渲染出来的图像进行细微调整。单击"图层"选项卡中的"创建图层"按钮，如图6-114所示。

图6-114

02 在弹出的下拉菜单中选择"曲线"命令，如图6-115所示。

图6-115

03 在"曲线"卷展栏中，调整曲线的形态至如图6-116所示，可以提高渲染图像的亮度。

图6-116

04 以相同的方式添加一个"曝光"图层，在"曝光"卷展栏中，设置"对比度"的值为0.250，如图6-117所示，可以增加渲染图像的层次感。

图6-117

05 以相同的方式添加一个"色彩平衡"图层，在"色彩平衡"卷展栏中，设置"青-红"的值为0.050，设置"洋红-绿"的值为-0.020，如图6-118所示，调整渲染图像的色彩。

图6-118

06 本实例的最终图像渲染结果如图6-119所示。

图6-119

第 7 章

欧式风格厨房
日光表现

7.1　效果展示

本实例为一个欧式风格设计的厨房日光表现效果。实例的最终渲染结果及线框图如图7-1和图7-2所示。

图7-1

图7-2

打开本书配套场景文件"厨房.max",如图7-3所示。接下来将较为典型的常用材质进行详细讲解。

图7-3

7.2　材质制作

7.2.1　制作地砖材质

　　本实例中的地砖材质渲染结果如图7-4所示。

图7-4

01 打开"材质编辑器"面板。选择一个空白材质球，将其设置为VRayMtl材质，如图7-5所示。

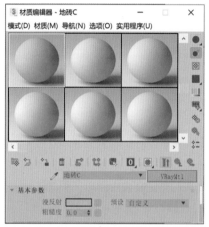

图7-5

02 展开"贴图"卷展栏，为"漫反射"的贴图通道添加一张"大理石C.jpg"文件，制作出地砖材质的表面纹理，并将"漫反射"贴图通道中设置完成的贴图以拖曳的方式复制到"反射"属性的贴图通道中。为"凹凸"的贴图通道添加"Noise（噪波）"贴图，并设置"凹凸"的值为3.0，如图7-6所示。

图7-6

03 在"噪波参数"卷展栏中，设置噪波的"大小"值为300.0，如图7-7所示。

04 制作完成后的地砖材质球显示结果如图7-8所示。

图7-7

图7-8

7.2.2　制作橱柜柜门材质

　　本实例中橱柜柜门材质的渲染结果如图7-9所示。

图7-9

01 打开"材质编辑器"面板。选择一个空白材质球，将其设置为VRayMtl材质，如图7-10所示。

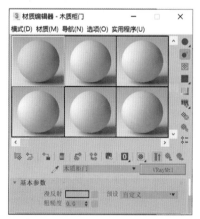

图7-10

02 展开"贴图"卷展栏，为"漫反射"的贴图通道添加一张"木纹K.bmp"文件，制作出柜门材质的表面纹理，如图7-11所示。

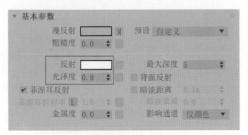

图7-11

03 展开"基本参数"卷展栏,设置"反射"的颜色为白色,设置"光泽度"的值为0.8,如图7-12所示。

图7-12

04 制作完成后的橱柜柜门材质球显示结果如图7-13所示。

图7-13

7.2.3 制作陶瓷花盆材质

本实例中陶瓷花盆材质的渲染结果如图7-14所示。

图7-14

01 打开"材质编辑器"面板。选择一个空白材质球,将其设置为VRayMtl材质,如图7-15所示。

02 在"贴图"卷展栏中,为"漫反射"的贴图通道添加"Mix(混合)"贴图,如图7-16所示。

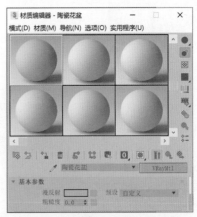

图7-15

图7-16

03 在"混合参数"卷展栏中,分别设置混合的"颜色#1"为蓝色,设置"颜色#2"为黄色,在"混合量"的贴图通道中添加一张"花盆蒙版.jpg"文件,用来混合这两种颜色,如图7-17所示。其中,"颜色#1"的参数设置如图7-18所示,"颜色#2"的参数设置如图7-19所示。

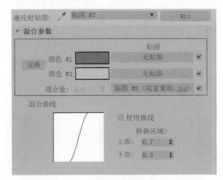

图7-17

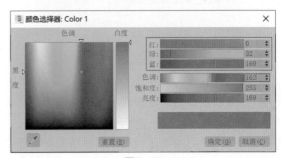

图7-18

04 在"坐标"卷展栏中,设置U的"瓷砖"值为3.0,如图7-20所示。

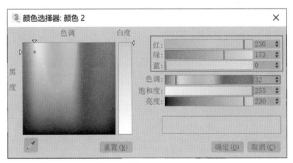

图7-19

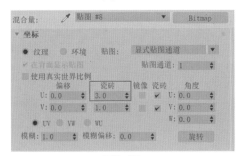

图7-20

05 在"基本参数"卷展栏中，设置"反射"的颜色为白色，如图7-21所示。

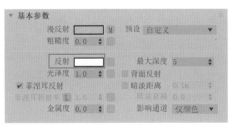

图7-21

06 制作完成后的陶瓷花盆材质球显示结果如图7-22所示。

图7-22

7.2.4　制作金属钢材质

本实例中金属钢材质的渲染结果如图7-23所示。

图7-23

01 打开"材质编辑器"面板。选择一个空白材质球，将其设置为VRayMtl材质，如图7-24所示。

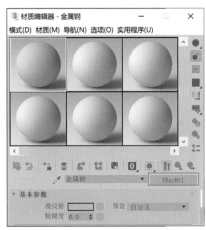

图7-24

02 在"基本参数"卷展栏中，设置"漫反射"的颜色为灰色，设置"反射"的颜色为白色。设置"金属度"的值为1.0，增强材质的金属特性，如图7-25所示。其中，"漫反射"的颜色参数设置如图7-26所示。

图7-25

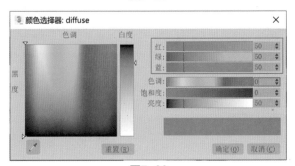

图7-26

03 制作完成后的金属钢材质球显示结果如图7-27所示。

图7-27

7.2.5 制作叶片材质

本实例中叶片材质的渲染结果如图7-28所示。

01 打开"材质编辑器"面板。选择一个空白材质球，将其设置为VRayMtl材质，如图7-29所示。

图7-28

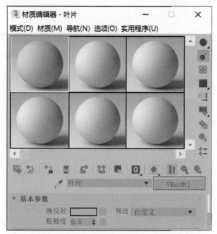

图7-29

02 在"贴图"卷展栏中，为"漫反射"的贴图通道添加一张"叶片A.jpg"文件，如图7-30所示。

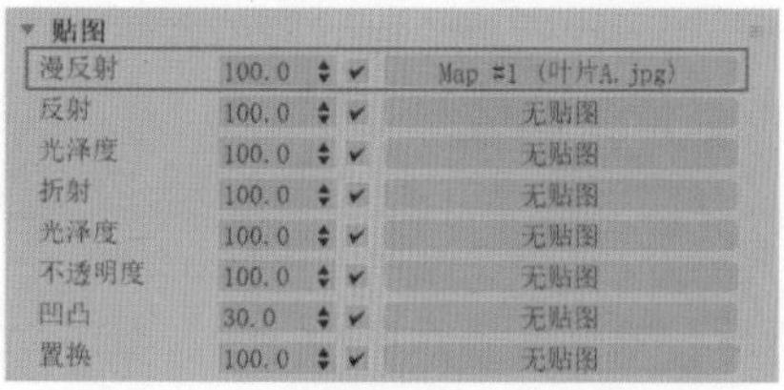

图7-30

03 在"基本参数"卷展栏中，设置"反射"的颜色为白色，设置"光泽度"的值为0.8，如图7-31所示。

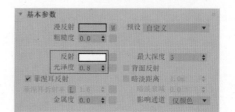

图7-31

04 制作完成后的叶片材质球显示结果如图7-32所示。

图7-32

7.2.6 制作粉色陶瓷材质

本实例中粉色陶瓷材质的渲染结果如图7-33所示。

01 打开"材质编辑器"面板。选择一个空白材质球，将其设置为VRayMtl材质，如图7-34所示。

图7-33

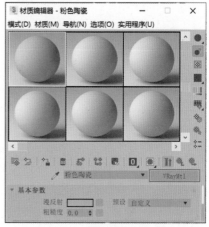

图7-34

02 在"基本参数"卷展栏中，设置"漫反射"的颜色为粉色，设置"反射"的颜色为白色，如图7-35

所示。其中，"漫反射"的颜色参数设置如图7-36所示。

图7-35

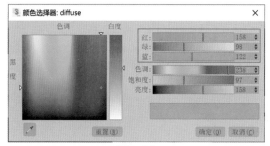

图7-36

03 制作完成后的粉色陶瓷材质球显示结果如图7-37所示。

图7-37

7.2.7　制作厨具金属材质

本实例中的厨具金属材质渲染结果如图7-38所示。

图7-38

01 打开"材质编辑器"面板。选择一个空白材质球，将其设置为VRayMtl材质，如图7-39所示。

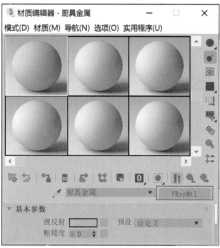

图7-39

02 在"基本参数"卷展栏中，设置"漫反射"和"反射"的颜色为白色，设置"光泽度"的值为0.9，设置"金属度"的值为1.0，如图7-40所示。

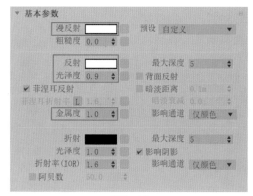

图7-40

03 在"双向反射分布函数"卷展栏中，设置双向反射分布函数的选项为"沃德"，设置"各向异性"的值为0.6，设置"旋转"的值为45.0，如图7-41所示。

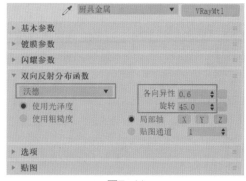

图7-41

04 制作完成后的厨具金属材质球显示结果如图7-42所示。

图7-42

7.2.8 制作墙砖材质

本实例中的墙砖材质渲染结果如图7-43所示。

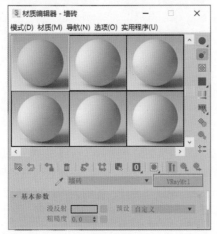

01 打开"材质编辑器"面板。选择一个空白材质球，将其设置为VRayMtl材质，如图7-44所示。

图7-43

图7-44

02 在"贴图"卷展栏中，为"漫反射"的贴图通道添加一张"台面.jpg"贴图文件，如图7-45所示。

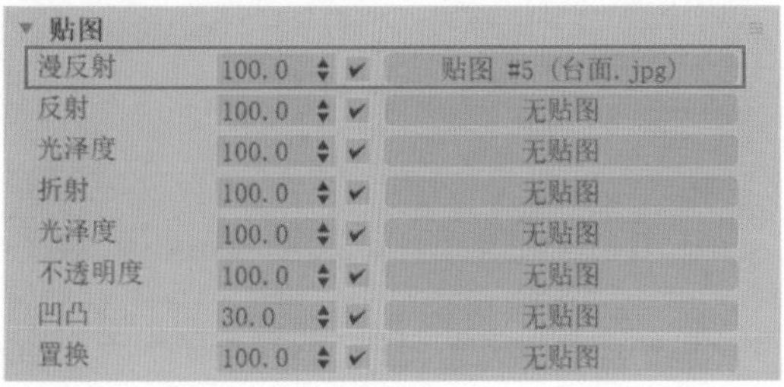

图7-45

03 在"基本参数"卷展栏中，设置"反射"的颜

色为白色，设置"光泽度"的值为0.8，如图7-46所示。

图7-46

04 制作完成后的墙砖材质球显示结果如图7-47所示。

图7-47

7.2.9 制作台面材质

本实例中的台面材质渲染结果如图7-48所示。

图7-48

01 打开"材质编辑器"面板。选择一个空白材质球，将其设置为VRayMtl材质，如图7-49所示。

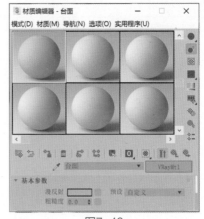

图7-49

02 在"贴图"卷展栏中，为"漫反射"贴图通道上添加一张"大理石A.jpg"文件，制作出台面材质

的表面纹理，如图7-50所示。

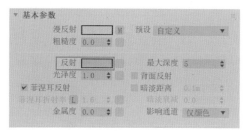

图7-50

03 在"基本参数"卷展栏中，设置"反射"的颜色为灰色，如图7-51所示。"反射"的颜色参数设置如图7-52所示。

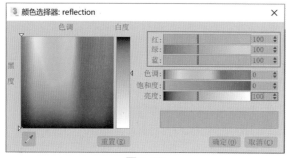

图7-51

图7-52

04 制作完成后的台面材质球显示结果如图7-53所示。

图7-53

7.2.10 制作玻璃材质

本实例中烤箱的箱门使用了颜色较暗的深色玻璃材质，渲染结果如图7-54所示。

图7-54

01 打开"材质编辑器"面板。选择一个空白材质球，将其设置为VRayMtl材质，如图7-55所示。

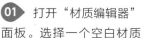

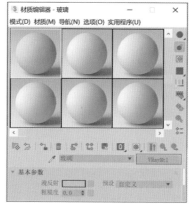

图7-55

02 在"基本属性"卷展栏，设置"漫反射"的颜色为黑色。设置"反射"的颜色为灰色，设置"光泽度"的值为0.95，并取消勾选"菲涅耳反射"选项。设置"折射"的颜色为白色，如图7-56所示。其中，"反射"的颜色参数设置如图7-57所示。

图7-56

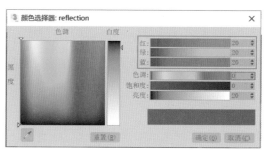

图7-57

03 制作完成后的玻璃材质球显示结果如图7-58所示。

图7-58

7.2.11 制作大理石窗口材质

本实例中的窗口使用了大理石材质，渲染结果如图7-59所示。

图7-59

01 打开"材质编辑器"面板。选择一个空白材质球，将其设置为VRayMtl材质，如图7-60所示。

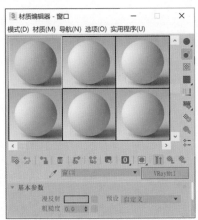

图7-60

02 在"贴图"卷展栏中，为"漫反射"的贴图通道添加一张"大理石F.jpg"贴图文件，如图7-61所示。

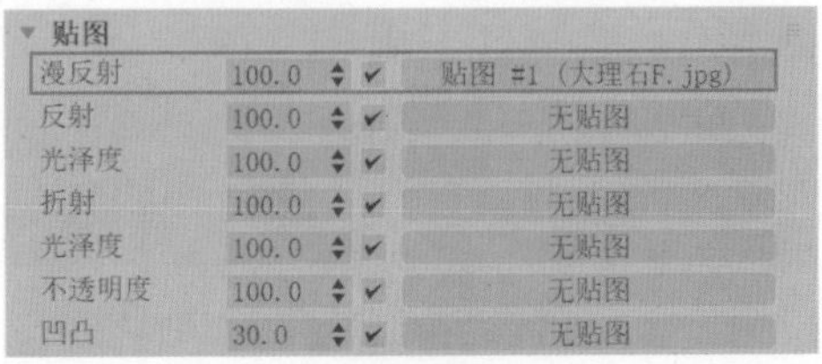

图7-61

03 在"基本参数"卷展栏中，设置"反射"的颜色为白色，如图7-62所示。

图7-62

04 制作完成后的大理石窗口材质球显示结果如图7-63所示。

图7-63

7.3 摄影机参数设置

01 在"创建"面板中，将"摄影机"的下拉列表切换至VRay，单击"（VR）物理摄影机"按钮，如图7-64所示。

图7-64

02 在"顶"视图中如图7-65所示位置处创建一个（VR）物理摄影机。

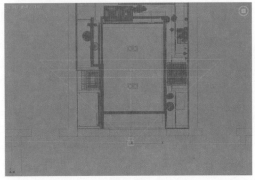

图7-65

03 在"左"视图中，调整摄影机及摄影机目标点的位置至如图7-66所示。

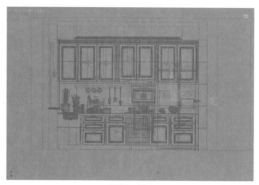

图7-66

04 选择场景中的摄影机，在"修改"面板中，展开"传感器和镜头"卷展栏，设置"胶片规格（毫米）"的值为90.0。展开"光圈"卷展栏，设置"光圈数"的值为4.0，如图7-67所示。

05 设置完成后，按下C键，切换至"摄影机"视图，本实例中的摄影机展示角度如图7-68所示。

图7-67

图7-68

7.4　灯光设置

本实例主要突出表现阳光从窗户外透射进室内的照射效果，灯光设置的具体操作步骤如下。

01 在"创建"面板中，将"灯光"的下拉列表切换至VRay，单击"（VR）太阳"按钮，如图7-69所示。

图7-69

02 在"顶"视图中，创建一个"（VR）太阳"灯光，如图7-70所示。创建完成后，在系统自动弹出的"V-Ray太阳"对话框中，单击"是"按钮，为该场景自动添加"VRay天空"环境贴图，如图7-71所示。

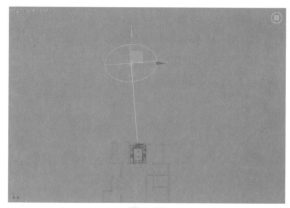

图7-70

图7-71

03 按下L键，切换至"左"视图。调整"（VR）太阳"灯光的高度至如图7-72所示。

图7-72

04 在"修改"面板中，展开"太阳参数"卷展栏。设置"大小倍增"值为5.0，如图7-73所示。

图7-73

7.5 渲染及后期设置

7.5.1 渲染设置

01 打开"渲染设置：V-Ray 5"面板，可以看到本场景已经预先设置完成使用VRay渲染器渲染场景，如图7-74所示。

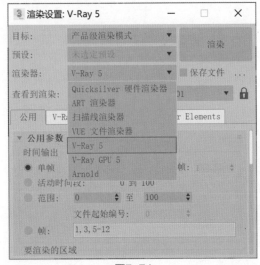

图7-74

02 在"公用参数"选项卡中，设置渲染输出图像的"宽度"为1800，"高度"为2400，如图7-75所示。

03 在V-Ray选项卡中，展开"图像采样器（抗锯齿）"卷展栏，设置渲染的"类型"为"渲染块"，如图7-76所示。

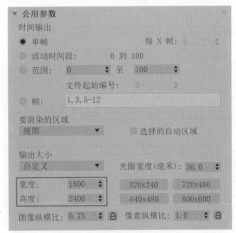

图7-75

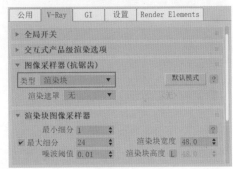

图7-76

04 在GI选项卡中，展开"全局照明"卷展栏，设置"首次引擎"的选项为"发光贴图"，设置"二次引擎"的选项为"灯光缓存"，设置"饱和度"的值为0.5，如图7-77所示。

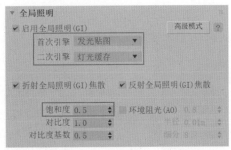

图7-77

05 展开"颜色贴图"卷展栏，设置"类型"为"HSV指数"，如图7-78所示。

图7-78

06 设置完成后，渲染场景，渲染结果如图7-79所示。

图7-79

技术专题 "颜色贴图"卷展栏参数解析

"颜色贴图"卷展栏中的命令可以影响渲染图像的亮度及饱和度，参数设置如图7-80所示。

图7-80

常用参数解析

● 类型：用来设置"颜色贴图"的类型，有"线性倍增""指数""HSV指数""强度指数""伽马校正""强度伽马"和"莱因哈德"七种类型可选。

● 线性倍增：这种模式基于最终色彩亮度来进行线性倍增，可能会导致靠近光源的点过分曝光，如图7-81所示。

● 指数：使用此模式可以有效控制渲染最终画面的曝光部分，但是图像可能会显得整体偏灰，如图7-82所示。

● HSV指数：与"指数"接近，不同点在于使用"HSV指数"可以使得渲染出画面的色彩饱和度比"指数"有所提高，如图7-83所示。

图7-81　　　　　　图7-82

图7-83

● 强度指数：此种方式是对上述两种方式的融合，既抑制了光源附近的曝光效果，又保持了场景中物体的色彩饱和度，渲染结果与"HSV指数"较为相似。

● 伽马校正：采用伽马值来修正场景中的灯光衰减和贴图色彩，渲染结果与"线性倍增"较为相似。

● 强度伽马：此种类型在"伽马校正"的基础上修正了场景中灯光的亮度，渲染结果与"线性倍增"较为相似。

● 莱因哈德：这种类型可以将"线性倍增"和"指数"混合起来，是"颜色贴图"卷展栏的默认类型，渲染结果与"线性倍增"较为相似。

7.5.2 后期处理

01 在"V-Ray帧缓冲区"面板中，可以对渲染出来的图像进行细微调整。单击"图层"选项卡中的"创建图层"按钮，如图7-84所示。

图7-84

02 在弹出的下拉菜单中选择"曲线"命令，如图7-85所示。

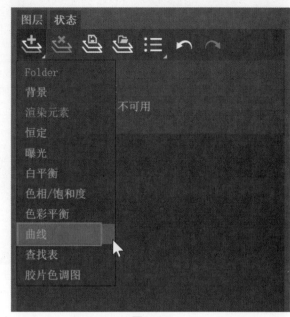

图7-85

03 在"曲线"卷展栏中，调整曲线的形态至如图7-86所示，可以提高渲染图像的亮度。

图7-86

04 以相同的方式添加一个"色彩平衡"图层，在"色彩平衡"卷展栏中，设置"洋红-绿"的值为-0.025，设置"黄-蓝"的值为-0.020，如图7-87所示，调整渲染图像的色彩。

图7-87

05 本实例的最终图像渲染结果如图7-88所示。

图7-88

第 8 章

现代风格榻榻米夜景
灯光表现

8.1 效果展示

　　榻榻米为日语音译，随着时代的发展，榻榻米的表现风格也产生了多种多样的形式。本实例为一个现代设计风格的榻榻米夜景灯光表现效果，实例的最终渲染结果及线框图如图8-1和图8-2所示。通过渲染结果，可以看出本实例中所要表现的灯光主要为室内人工照明效果。

图8-1

图8-2

　　打开本书配套场景文件"榻榻米.max"，如图8-3所示。接下来将较为典型的常用材质进行详细讲解。

图8-3

8.2　材质制作

8.2.1　制作地板材质

本实例中的地板材质渲染结果如图8-4所示。

图8-4

01 打开"材质编辑器"面板。选择一个空白材质球，将其设置为VRayMtl材质，如图8-5所示。

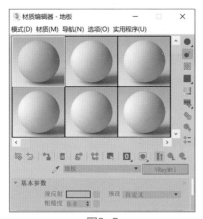

图8-5

02 在"贴图"卷展栏中，为"漫反射"的贴图通道添加一张"地板.jpg"文件，如图8-6所示。

图8-6

03 在"基本参数"卷展栏中，设置"反射"的颜色为白色，设置"光泽度"的值为0.8，制作出地板材质的反射及高光效果，如图8-7所示。

图8-7

04 制作完成后的地板材质球显示结果如图8-8所示。

图8-8

8.2.2　制作坐垫材质

本实例中坐垫材质的渲染结果如图8-9所示。

图8-9

01 打开"材质编辑器"面板。选择一个空白材质球，将其设置为VRayMtl材质，如图8-10所示。

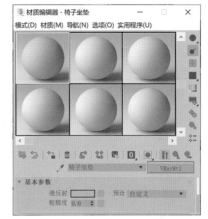

图8-10

02 展开"贴图"卷展栏，为"漫反射"的贴图通道添加一张"浅色灰布.jpg"文件，制作出坐垫模型的表面纹理，如图8-11所示。

图8-11

03 制作完成后的坐垫材质球显示结果如图8-12所示。

图8-12

8.2.3 制作窗户玻璃材质

室内夜景中的窗户玻璃反射效果通常看起来要比白天强很多。本实例中的窗户玻璃材质渲染结果如图8-13所示。

图8-13

01 打开"材质编辑器"面板。选择一个空白材质球,将其设置为VRayMtl材质,如图8-14所示。

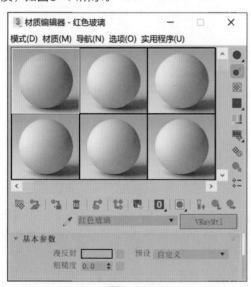

图8-14

02 在"基本参数"卷展栏中,设置"反射"的颜色为灰色,设置"折射"的颜色为浅白色,并取消勾选"菲涅耳反射"选项,如图8-15所示。其中,"反射"的参数设置如图8-16所示。"折射"的参数设置如图8-17所示。

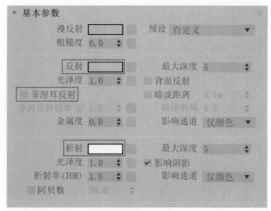

图8-15

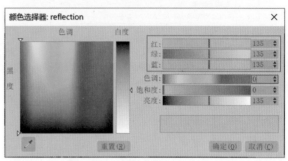

图8-16

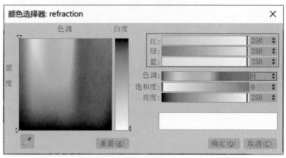

图8-17

03 制作完成后的窗户玻璃材质球显示结果如图8-18所示。

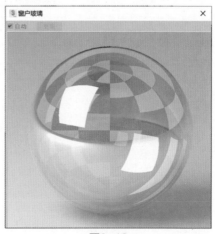

图8-18

8.2.4　制作银色金属材质

本实例中椅子的支撑结构采用了银色金属材质，渲染结果如图8-19所示。

图8-19

01 打开"材质编辑器"面板。选择一个空白材质球，将其设置为VRayMtl材质，如图8-20所示。

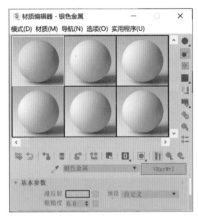

图8-20

02 在"基本参数"卷展栏中，设置"反射"的颜色为白色，设置"光泽度"的值为0.75。设置"金属度"的值为1.0，增强材质的金属特性，如图8-21所示。

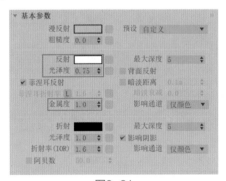

图8-21

03 在"双向反射分布函数"卷展栏中，设置"各向异性"的值为0.5，如图8-22所示。

图8-22

04 制作完成后的银色金属材质球显示结果如图8-23所示。

图8-23

8.2.5　制作铜金属材质

本实例中的铜金属材质渲染结果如图8-24所示。

图8-24

01 打开"材质编辑器"面板。选择一个空白材质球，将其设置为VRayMtl材质，如图8-25所示。

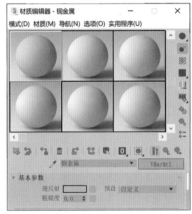

图8-25

02 在"基本参数"卷展栏中，设置"漫反射"和"反射"的颜色为暗金色，如图8-26所示。设置"光泽度"的值为0.85，设置"金属度"的值为1.0，如图8-27所示。

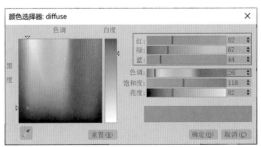

图8-26

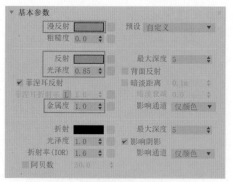

图8-27

03 制作完成后的铜金属材质球显示结果如图8-28所示。

图8-28

8.2.6 制作木纹材质

本实例中的榻榻米、书架以及桌子均使用了统一的木纹材质，渲染结果如图8-29所示。

图8-29

01 打开"材质编辑器"面板。选择一个空白材质球，将其设置为VRayMtl材质，如图8-30所示。

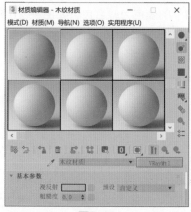

图8-30

02 在"贴图"卷展栏中，为"漫反射"的贴图通道添加一张"木纹贴图.jpg"文件，如图8-31所示。

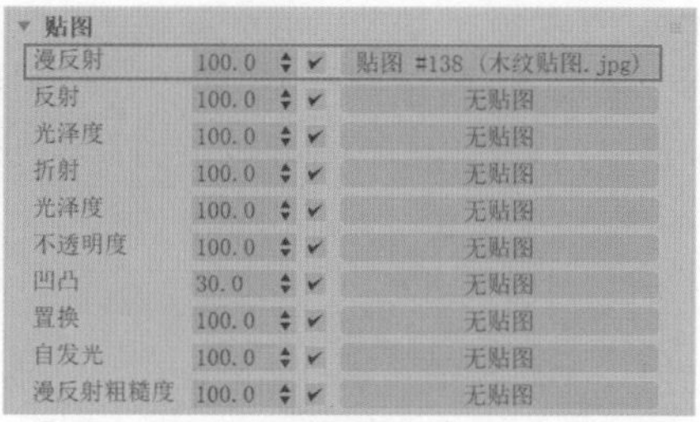

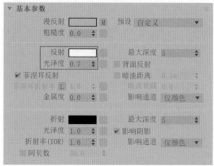

图8-31

03 在"基本参数"卷展栏中，设置"反射"的颜色为白色，设置"光泽度"的值为0.7，制作出木纹材质的反射效果，如图8-32所示。

图8-32

04 制作完成后的木纹材质球显示结果如图8-33所示。

图8-33

8.2.7 制作金色金属材质

本实例中的一些摆件采用了明亮的金色金属材质，渲染结果如图8-34所示。

图8-34

01 打开"材质编辑器"面板。选择一个空白材质球,将其设置为VRayMtl材质,如图8-35所示。

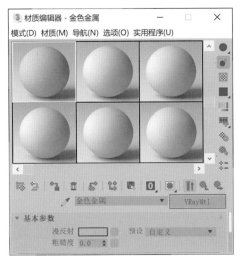

图8-35

02 在"基本参数"卷展栏中,设置"漫反射"和"反射"的颜色为亮金色,如图8-36所示。设置"光泽度"的值为0.8,设置"金属度"的值为1.0,如图8-37所示。

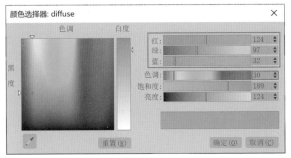

图8-36

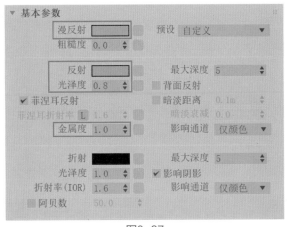

图8-37

03 制作完成后的金色金属材质球显示结果如图8-38所示。

图8-38

8.2.8　制作蓝色陶瓷材质

本实例中的蓝色陶瓷材质渲染结果如图8-39所示。

图8-39

01 打开"材质编辑器"面板。选择一个空白材质球,将其设置为VRayMtl材质,如图8-40所示。

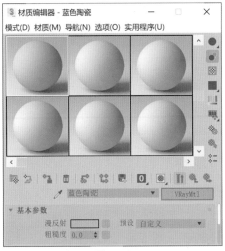

图8-40

02 在"基本参数"卷展栏中,设置"漫反射"的颜色为蓝色,设置"反射"的颜色为白色,如图8-41所示。"漫反射"颜色的参数设置如图8-42所示。

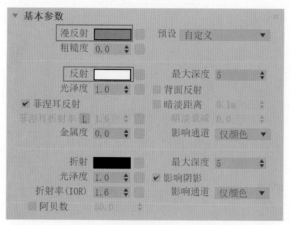

图8-41

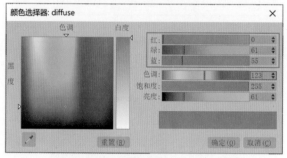

图8-42

03 制作完成后的蓝色陶瓷材质球显示结果如图8-43所示。

图8-43

8.2.9 制作木头材质

本实例中的木头材质渲染结果如图8-44所示。

图8-44

01 打开"材质编辑器"面板。选择一个空白材质球，将其设置为VRayMtl材质，如图8-45所示。

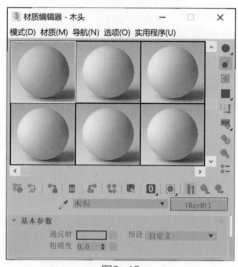

图8-45

02 在"贴图"卷展栏中，为"漫反射"贴图通道上添加一张"木纹B.jpg"文件，制作出木头材质的表面纹理，并将该贴图文件以拖曳的方式复制到"反射"的贴图通道中，用来控制木头材质的反射细节，如图8-46所示。

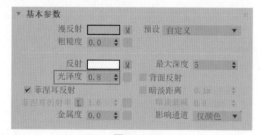

图8-46

03 在"基本参数"卷展栏中，设置"光泽度"的值为0.8，如图8-47所示。

图8-47

04 制作完成后的木头材质球显示结果如图8-48所示。

图8-48

8.2.10　制作衣柜门材质

本实例中的衣柜门
材质渲染结果如图8-49
所示。

图8-49

01 打开"材质编辑器"
面板。选择一个空白材质
球，将其设置为VRayMtl
材质，如图8-50所示。

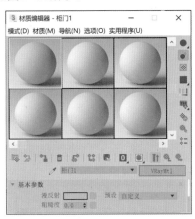

图8-50

02 在"贴图"卷展栏中，为"漫反射"的贴图通
道添加一张"图A.jpg"文件，并将该贴图文件以
拖曳的方式复制到"光泽度"的贴图通道中，如
图8-51所示。

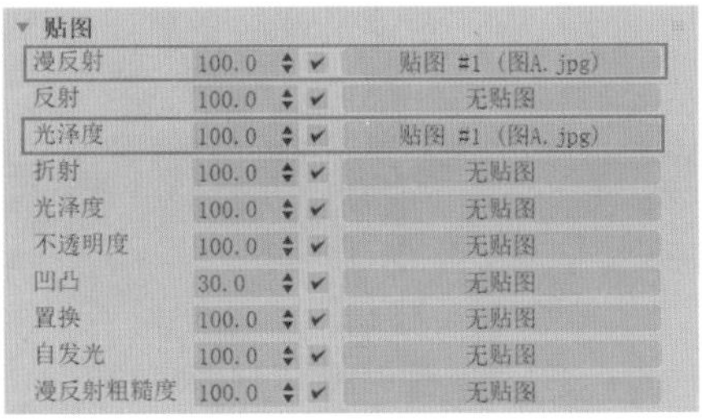

图8-51

03 在"基本参数"卷展栏中，设置"反射"的颜
色为白色，如图8-52所示。

图8-52

04 制作完成后的衣柜门材质球显示结果如图8-53
所示。

图8-53

8.2.11　制作毛线球材质

本实例中的毛线球
材质渲染结果如图8-54
所示。

图8-54

01 打开"材质编辑器"
面板。选择一个空白材质
球，将其设置为VRayMtl
材质，如图8-55所示。

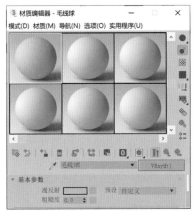

图8-55

02 在"贴图"卷展栏中，为"漫反射"的贴图通道添加一张"毛线.jpg"文件，如图8-56所示。

贴图			
漫反射	100.0	✔	贴图 #157（毛线.jpg）
反射	100.0	✔	无贴图
光泽度	100.0	✔	无贴图
折射	100.0	✔	无贴图
光泽度	100.0	✔	无贴图
不透明度	100.0	✔	无贴图
凹凸	30.0	✔	无贴图
置换	100.0	✔	无贴图
自发光	100.0	✔	无贴图
漫反射粗糙度	100.0	✔	无贴图

图8-56

04 制作完成后的毛线球材质球显示结果如图8-57所示。

图8-57

8.2.12　制作窗帘材质

本实例中的窗帘材质分为透光的窗帘和不透光的窗帘材质两种，渲染结果如图8-58所示。

图8-58

01 首先，制作透光窗帘材质。打开"材质编辑器"面板。选择一个空白材质球，将其设置为VRayMtl材质，如图8-59所示。

02 在"基本参数"卷展栏中，设置"漫反射"的颜色为白色，设置"折射"的颜色为深灰色，设置"光泽度"的值为0.95，并取消勾选"菲涅耳反射"选项，如图8-60所示。其中，"折射"的颜色参数设置如图8-61所示。

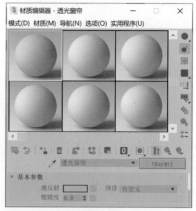

图8-59

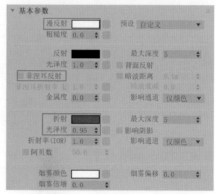

图8-60

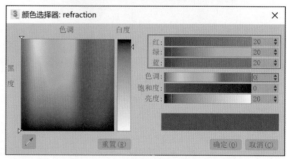

图8-61

03 制作完成后的透光窗帘材质球显示结果如图8-62所示。

图8-62

04 接下来，开始制作不透光窗帘材质。打开"材质编辑器"面板。选择一个空白材质球，将其设置为VRayMtl材质，如图8-63所示。

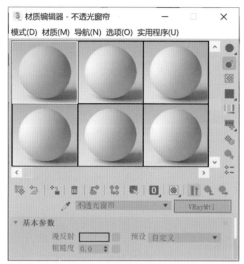

图8-63

05 在"基本参数"卷展栏中，设置"反射"的颜色为灰色，设置"光泽度"的值为0.5，设置"金属度"的值为1.0，如图8-64所示。其中，"反射"的颜色参数设置如图8-65所示。

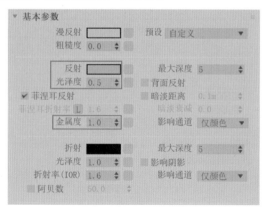

图8-64

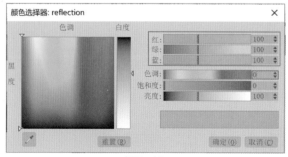

图8-65

06 制作完成后的不透光窗帘材质球显示结果如图8-66所示。

图8-66

8.2.13　制作陶瓷花盆材质

本实例中的陶瓷花盆材质渲染结果如图8-67所示。

图8-67

01 打开"材质编辑器"面板。选择一个空白材质球，将其设置为VRayMtl材质，如图8-68所示。

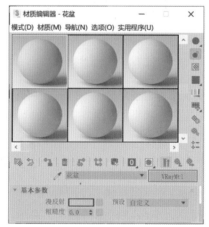

图8-68

02 在"贴图"卷展栏中，为"漫反射"贴图通道上添加一张"花盆图案.jpg"文件，制作出陶瓷花盆材质的表面纹理。如图8-69所示。

贴图			
漫反射	100.0 ♦ ✓	贴图 #1（花盆图案.jpg）
反射	100.0 ♦ ✓	无贴图
光泽度	100.0 ♦ ✓	无贴图
折射	100.0 ♦ ✓	无贴图
光泽度	100.0 ♦ ✓	无贴图
不透明度	100.0 ♦ ✓	无贴图
凹凸	30.0 ♦ ✓	无贴图
置换	100.0 ♦ ✓	无贴图
自发光	100.0 ♦ ✓	无贴图

图8-69

03 在"基本参数"卷展栏中，设置"反射"的颜色为白色，如图8-70所示。

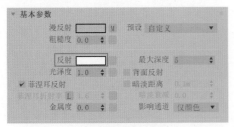

图8-70

04 制作完成后的陶瓷花盆材质球显示结果如图8-71所示。

图8-71

8.2.14 制作深色漆面材质

本实例中的柜子局部使用了具有亚光效果的深色漆面材质，渲染结果如图8-72所示。

图8-72

01 打开"材质编辑器"面板。选择一个空白材质球，将其设置为VRayMtl材质，如图8-73所示。

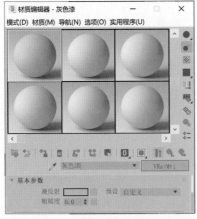

图8-73

02 在"基本参数"卷展栏中，设置"漫反射"的颜色为深棕色，设置"反射"的颜色为浅黄色，设置"光泽度"的值为0.65，如图8-74所示。其中，"漫反射"的颜色参数设置如图8-75所示。"反射"的颜色参数设置如图8-76所示。

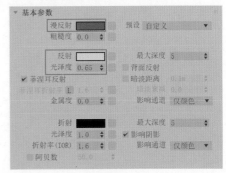

图8-74

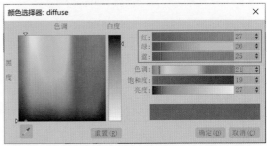

图8-75

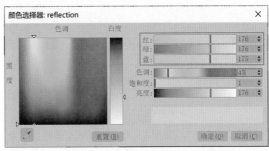

图8-76

03 制作完成后的深色漆面材质球显示结果如图8-77所示。

图8-77

8.2.15 制作窗外环境材质

本实例中的窗外环境材质渲染结果如图8-78所示。

图8-78

01 打开"材质编辑器"面板。选择一个空白材质球，将其设置为VRay灯光材质，如图8-79所示。

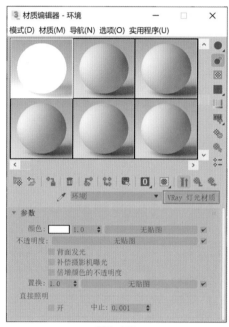

图8-79

02 在"参数"卷展栏中，设置"颜色"的值为100.0，并为"颜色"的贴图通道添加一张"夜景.jpg"，如图8-80所示。

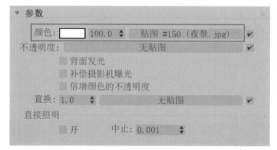

图8-80

03 制作完成后的窗外环境材质球显示结果如图8-81所示。

图8-81

8.2.16 制作地毯毛发效果

本实例中的地毯毛发渲染结果如图8-82所示。

图8-82

01 选择场景中的地毯模型，如图8-83所示。

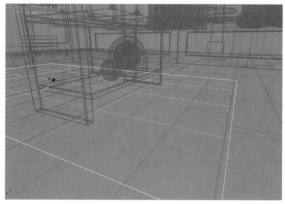

图8-83

02 单击"创建"面板中的"（VR）毛皮"按钮，如图8-84所示。这样，系统会自动为选择的模型对象添加毛皮效果，如图8-85所示。

图8-84

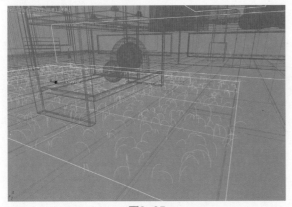

图8-85

03 在"修改"面板中，展开"参数"卷展栏，设置"长度"的值为5.0cm，设置"厚度"的值为0.1cm，如图8-86所示。

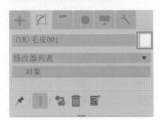

图8-86

04 单击"修改"面板中的"取色器"，如图8-87所示。设置毛发的颜色参数，如图8-88所示。这样，地毯的毛发效果就制作完成了。

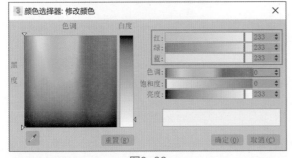

图8-87

图8-88

技术专题 （VR）毛皮参数解析

"（VR）毛皮"是VRay渲染器为用户提供的一种快速毛发效果解决方案，使用这一命令，用户可以非常快速地模拟制作真实的地毯、草地等毛发效果，其参数命令如图8-89所示。

图8-89

（1）"参数"卷展栏

展开"参数"卷展栏，其命令如图8-90所示。

图8-90

常用参数解析

① "源对象"组

● 长度：设置毛发的长度，如图8-91所示为该值分别是0.5cm和1.5cm的渲染结果对比。

图8-91

- 厚度：设置毛发的粗细，如图8-92所示为该值分别是0.1cm和0.3cm的渲染结果对比。

图8-92

- 重力：设置毛发所受到的重力，如图8-93所示为该值分别是-0.1cm和-0.5cm的渲染结果对比。

图8-93

- 弯曲：设置毛发的弯曲程度。
- 锥度：用来控制毛发的锥化程度，如图8-94所示为该值分别是0和1的渲染结果对比。

图8-94

② "几何体细节"组

- 结数：设置毛发的分段数。
- 细节级别：设置毛发细节的级别。

③ "变化"组

- 方向参量：设置毛发在方向上的随机变化，默认值为0.2。
- 长度参量：设置毛发在长度上的随机变化，默认值为0.2。
- 厚度参量：设置毛发在厚度上的随机变化，默认值为0.2。
- 重力参量：设置毛发所受重力的随机变化，默认值为0.2。
- 卷曲变化：设置毛发的卷曲随机变化程度，默认值为0.2。

④ "分布"组

- 每个面：设置毛发在每个面上所产生的数量。
- 每区域：设置毛发在每单位面积上所产生的数量，如图8-95所示为该值分别是0.05和0.2的渲染结果对比。

图8-95

⑤ "放置"组

- 整个对象：设置毛发产生于源对象所有的面上。
- 选定的面：设置毛发仅产生于源对象所指定的面上，如图8-96所示。

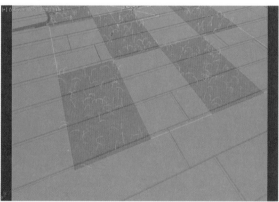

图8-96

- 材质ID：设置毛发仅产生于源对象材质ID指定的面上，如图8-97所示。

图8-97

⑥ "贴图"组
- 生成世界坐标：设置毛发的坐标是从源对象上获取。

（2） "贴图"卷展栏

展开"贴图"卷展栏，其命令如图8-98所示。

图8-98

常用参数解析

- 基础贴图通道：设置贴图的通道。
- 弯曲方向贴图（RGB）：用彩色贴图来控制毛发弯曲的方向。
- 初始方向贴图（RGB）：用彩色贴图控制毛发初始的方向。
- 长度贴图（单色）：用单色贴图来控制毛发的长度。
- 厚度贴图（单色）：用单色贴图来控制毛发的厚度。
- 重力贴图（单色）：用单色贴图来控制毛发的重力。
- 弯曲贴图（单色）：用单色贴图来控制毛发的弯曲程度。
- 密度贴图（单色）：用单色贴图来控制毛发的密度。
- 卷曲贴图：用贴图来控制毛发的卷曲程度。

（3） "视口显示"卷展栏

展开"视口显示"卷展栏，其命令如图8-99所示。

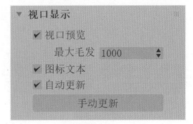

图8-99

常用参数解析

- 视口预览：勾选此选项，可以在视口中查看毛发的预览情况。
- 最大毛发：观察毛发的最大显示数量。
- 图标文本：控制"（VR）毛皮"图标上的文字显示，如图8-100所示为该选项勾选前后的视图显示对比。
- 自动更新：当更改"（VR）毛皮"的参数时，视口会自动更新毛发的显示情况。
- "手动更新"按钮：单击该按钮可以手动更新毛发的显示情况。

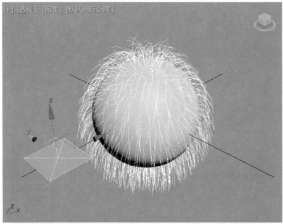

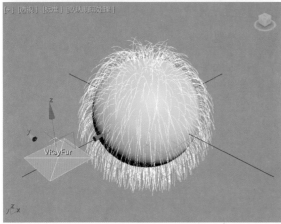

图8-100

8.3　摄影机参数设置

01 在"创建"面板中，将"摄影机"的下拉列表切换至VRay，单击"（VR）物理摄影机"按钮，如图8-101所示。

图8-101

02 按下T键，将视图切换至"顶"视图。在"顶"视图中如图8-102所示位置处创建一个（VR）物理摄影机。

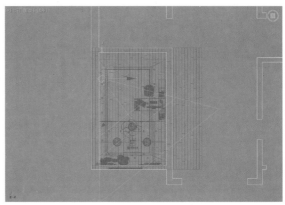

图8-102

03 按下L键，在"左"视图中，调整摄影机及摄影机目标点的位置至如图8-103所示。

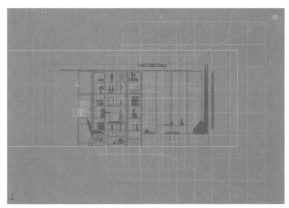

图8-103

04 选择场景中的摄影机，在"修改"面板中，展开"传感器和镜头"卷展栏，设置"胶片规格（毫米）"的值为65.0，如图8-104所示。

图8-104

05 设置完成后，按下C键，切换至"摄影机"视图，本实例的摄影机展示角度如图8-105所示。

图8-105

8.4　灯光设置

　　本实例主要突出表现室内夜景灯光的照射效果，由于本实例中窗外环境材质具有一定的灯光照明效果，所以在设置场景灯光之前可以先渲染一下摄影机视图，看一下场景默认状态下的渲染结果，如图8-106所示。

图8-106

8.4.1　制作灯带照明效果

01 在"创建"面板中，将下拉列表切换至VRay，单击"（VR）灯光"按钮，如图8-107所示。

图8-107

02 在场景中如图8-108所示位置处，创建一个"（VR）灯光"用来模拟吊顶上的灯带照明效果。

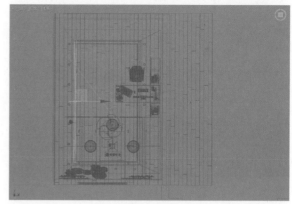

图8-108

03 在"左"视图中，旋转完成灯光的照射角度后，移动其位置至如图8-109所示。

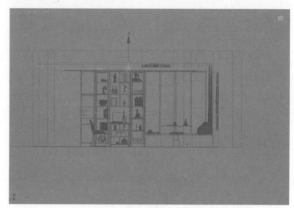

图8-109

04 在"修改"面板中，展开"常规"卷展栏。设置"倍增"的值为100.0，设置灯光的"模式"为"温度"，设置"温度"的值为3500.0，如图8-110所示。设置完成后，可以看到灯光的"颜色"会受"温度"值的影响变为橙色。

图8-110

05 灯光的参数设置完成后，在"顶"视图中，对其进行复制并分别调整角度和位置至如图8-111所示，用来模拟其他三处位置的灯带照明效果。

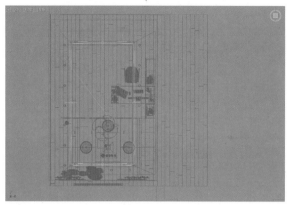

图8-111

06 设置完成后，渲染场景，灯带的渲染结果如图8-112所示。

图8-112

8.4.2　制作射灯照明效果

01 在"创建"面板中，将下拉列表切换至VRay，单击"（VR）光域网"按钮，如图8-113所示。

图8-113

02 在"前"视图中图8-114所示射灯模型位置的下方创建一个"（VR）光域网"灯光。

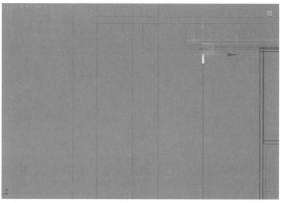

图8-114

03 在"顶"视图中，调整"（VR）光域网"灯光的位置至如图8-115所示。

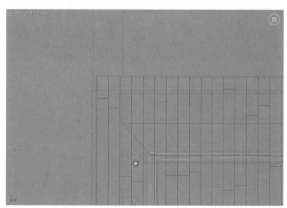

图8-115

04 按住Shift键，对"（VR）光域网"灯光进行复制，在系统自动弹出的"克隆选项"对话框中，选择"实例"选项，如图8-116所示。这样复制出来的"（VR）光域网"灯光是相互关联的关系，在后续的参数调整上，只需要调整场景中任意一个"（VR）光域网"灯光，则场景中的所有"（VR）光域网"灯光均会自动更改。

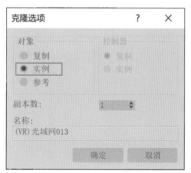

图8-116

05 对复制出来的"（VR）光域网"灯光进行位置调整，制作出整个卧室里的射灯照明效果，如图8-117所示。

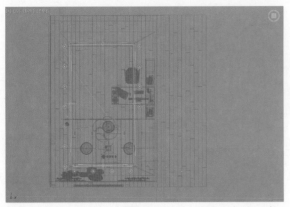

图8-117

06 在"修改"面板中，为"（VR）光域网"灯光的"IES文件"属性添加"射灯光域网.IES"文件，设置"颜色模式"为"温度"，设置"色温"的值为7000.0，这样，灯光的"颜色"会自动改变为淡蓝色，设置"强度值"为20000.0，如图8-118所示。

图8-119

8.4.3 制作书柜灯带照明效果

01 在"创建"面板中，将下拉列表切换至VRay，单击"（VR）灯光"按钮，如图8-120所示。

图8-120

02 在场景中如图8-121所示位置处，创建一个"（VR）灯光"用来模拟衣柜中格子里的灯带照明效果。

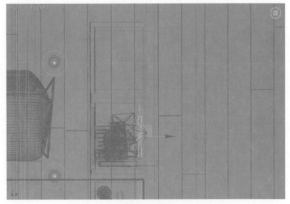

图8-121

03 在"透视"视图中，移动其位置至衣柜格子里的上方，如图8-122所示。

图8-118

07 设置完成后，渲染场景，射灯照明的渲染结果如图8-119所示。

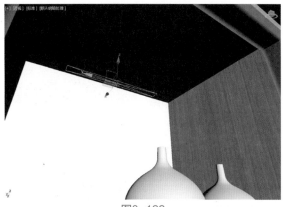

图8-122

04 在"修改"面板中,展开"常规"卷展栏。设置"倍增"的值为1000.0,设置灯光的"模式"为"温度",设置"温度"的值为4500.0,如图8-123所示,这时,可以发现灯光的"颜色"会自动变为橙色。

图8-123

05 灯光的参数设置完成后,在"透视"视图中,对其进行复制并分别调整角度和位置至如图8-124所示,制作出书柜格子里的所有灯带照明效果。

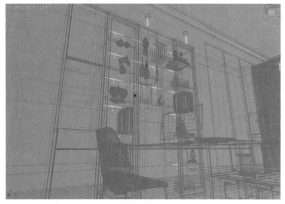

图8-124

06 设置完成后,渲染场景,书柜灯带的渲染结果如图8-125所示。

图8-125

8.4.4 制作吸顶灯照明效果

01 在"创建"面板中,将下拉列表切换至VRay,单击"(VR)灯光"按钮,如图8-126所示。

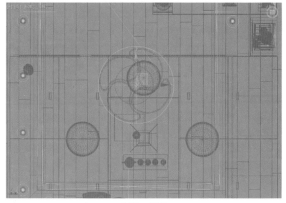

图8-126

02 在场景中如图8-127所示吊灯位置处,创建一个"(VR)灯光"用来模拟吊灯照明效果。

图8-127

03 在"修改"面板中,展开"常规"卷展栏,设置"类型"为"圆形",设置"半径"值为47.0cm,设置"倍增"值为50.0,如图8-128所示。

04 展开"选项"卷展栏,勾选"双面"选项和

"不可见"选项，如图8-129所示。

图8-128 　　　　图8-129

05 调整完成后，在"透视"视图中移动灯光的位置至如图8-130所示。

图8-130

06 设置完成后，渲染场景，这次在吊灯的上方可以看到清晰的光影效果，渲染结果如图8-131所示。

图8-131

07 最后，将每一步灯光添加完成后的渲染结果放在一起，通过对比来观察这些灯光添加之后的图像渲染结果，如图8-132～图8-136所示。

图8-132 　　　　图8-133

图8-134 　　　　图8-135

图8-136

8.5 渲染及后期设置

8.5.1 渲染设置

01 打开"渲染设置：V-Ray 5"面板，可以看到本场景已经预先设置完成使用VRay渲染器的渲染场景，如图8-137所示。

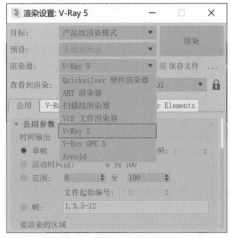

图8-137

02 在"公用"选项卡中，设置渲染输出图像的"宽度"为2400，"高度"为1800，如图8-138所示。

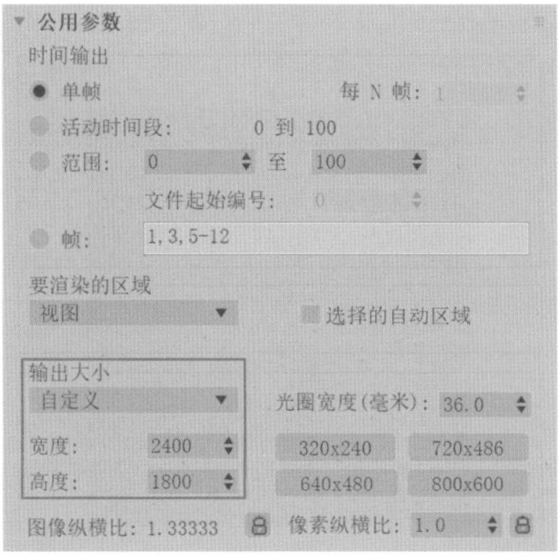

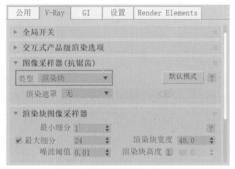

图8-138

03 在V-Ray选项卡中,展开"图像采样器(抗锯齿)"卷展栏,设置渲染的"类型"为"渲染块",如图8-139所示。

图8-139

04 在GI选项卡中,展开"全局照明"卷展栏,设置"首次引擎"的选项为"发光贴图",设置"饱和度"的值为0.5,如图8-140所示。

图8-140

05 在"发光贴图"卷展栏中,将"当前预设"选择为"自定义",并设置"最小比率"和"最大比率"的值均为−1,如图8-141所示。

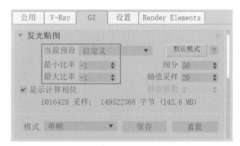

图8-141

06 设置完成后,渲染场景,渲染结果如图8-142所示。

图8-142

8.5.2　后期处理

01 　在"V-Ray帧缓冲区"面板中，可以对渲染出来的图像进行细微调整。单击"图层"选项卡中的"创建图层"按钮 ，如图8-143所示。

图8-143

02 　在弹出的下拉菜单中选择"曲线"命令，如图8-144所示。

图8-144

03 　在"曲线"卷展栏中，调整曲线的形态至如图8-145所示，可以提高渲染图像的亮度。

图8-145

04 　以相同的方式添加一个"色彩平衡"图层，在"色彩平衡"卷展栏中，设置"洋红-绿"的值为-0.030，如图8-146所示。

图8-146

05 以相同的方式添加一个"曝光"图层,在"曝光"卷展栏中,设置"曝光"的值为0.200,设置"对比度"的值为0.150,如图8-147所示,增加图像的层次感。

图8-147

06 本实例的最终图像渲染结果如图8-148所示。

图8-148

第 9 章

现代风格餐厅
天光表现

9.1　效果展示

本实例为一个现代风格设计的餐厅天光表现效果。实例的最终渲染结果及线框图如图9-1和图9-2所示。

图9-1

图9-2

打开本书配套场景文件"餐厅.max"，如图9-3所示。接下来将较为典型的常用材质进行详细讲解。

图9-3

9.2　材质制作

9.2.1　制作地板材质

本实例中的地板材质渲染结果如图9-4所示。

01 打开"材质编辑器"面板。选择一个空白材质球，将其设置为VRayMtl材质，如图9-5所示。

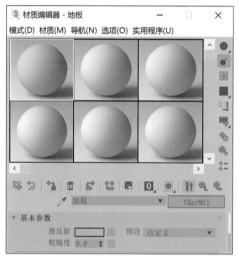

图9-5

02 展开"贴图"卷展栏，为"漫反射"的贴图通道添加一张"地板贴图.jpg"文件，制作出地板材质的表面纹理。为"反射"的贴图通道添加一张"地板凹凸贴图.jpg"文件，将"反射"贴图通道中设置完成的贴图以拖曳的方式复制到"凹凸"属性的贴图通道中，并设置"凹凸"的值为10.0，制作出地板材质的反射及凹凸细节，如图9-6所示。

▼ 贴图			
漫反射	100.0 ♦ ✔	贴图 #1（地板贴图.jpg）
反射	100.0 ♦ ✔	贴图 #2（地板凹凸贴图.jpg）
光泽度	100.0 ♦ ✔	无贴图
折射	100.0 ♦ ✔	无贴图
光泽度	100.0 ♦ ✔	无贴图
不透明度	100.0 ♦ ✔	无贴图
凹凸	10.0 ♦ ✔	贴图 #2（地板凹凸贴图.jpg）
置换	100.0 ♦ ✔	无贴图
自发光	100.0 ♦ ✔	无贴图
漫反射粗糙度	100.0 ♦ ✔	无贴图

图9-6

03 展开"基本参数"卷展栏，设置"光泽度"的值为0.8，如图9-7所示。

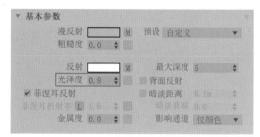

图9-7

04 制作完成后的地板材质球显示结果如图9-8所示。

图9-8

9.2.2　制作餐桌桌面材质

本实例中餐桌桌面材质的渲染结果如图9-9所示。

图9-9

01 打开"材质编辑器"面板。选择一个空白材质球，将其设置为VRayMtl材质，如图9-10所示。

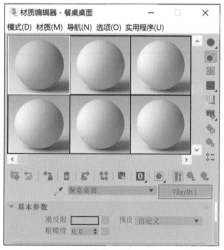

图9-10

02 展开"贴图"卷展栏，为"漫反射"的贴图通道添加一张"木纹E.jpg"文件，制作出餐桌桌面材质的表面纹理，如图9-11所示。

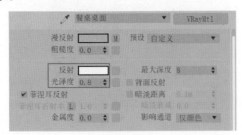

图9-11

03 展开"基本参数"卷展栏，设置"反射"的颜色为白色，设置"光泽度"的值为0.8，如图9-12所示。

图9-12

04 制作完成后的餐桌桌面材质球显示结果如图9-13所示。

图9-13

9.2.3 制作玻璃花瓶材质

本实例中用于插花的瓶子渲染结果如图9-14所示。

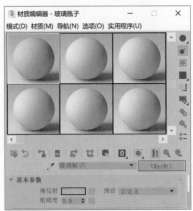

图9-14

01 打开"材质编辑器"面板。选择一个空白材质球，将其设置为VRayMtl材质，如图9-15所示。

图9-15

02 在"基本参数"卷展栏中，设置"反射"和"折射"的颜色均为白色，设置"烟雾颜色"为绿色，设置"烟雾倍增"值为0.3，如图9-16所示。"烟雾颜色"的参数设置如图9-17所示。

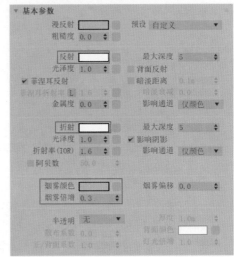

图9-16

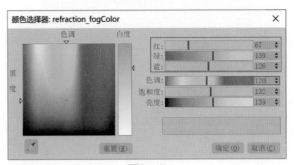

图9-17

03 制作完成后的玻璃花瓶材质球显示结果如图9-18所示。

图9-18

9.2.4 制作银色金属材质

本实例中银色金属材质的渲染结果如图9-19所示。

图9-19

01 打开"材质编辑器"面板。选择一个空白材质球，将其设置为VRayMtl材质，如图9-20所示。

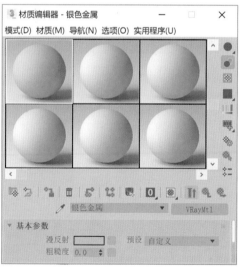

图9-20

02 在"基本参数"卷展栏中，设置"反射"的颜色为白色。设置"光泽度"的值为0.8，设置"金属度"的值为1.0，增强材质的金属特性，如图9-21所示。

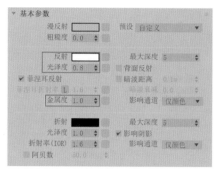

图9-21

03 制作完成后的银色金属材质球显示结果如图9-22所示。

图9-22

9.2.5 制作玻璃酒杯材质

本实例中玻璃酒杯的渲染结果如图9-23所示。

图9-23

01 打开"材质编辑器"面板。选择一个空白材质球，将其设置为VRayMtl材质，如图9-24所示。

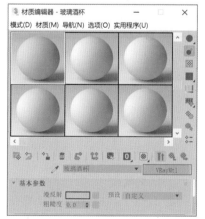

图9-24

02 在"基本参数"卷展栏中，设置"反射"和

169

"折射"的颜色为白色，如图9-25所示。

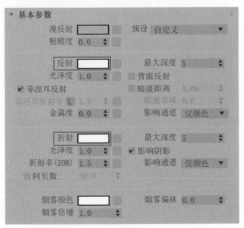

图9-25

03 制作完成后的玻璃酒杯材质球显示结果如图9-26所示。

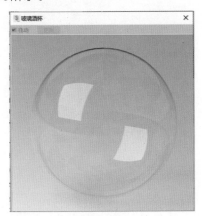

图9-26

9.2.6 制作背景墙材质

本实例中背景墙材质的渲染结果如图9-27所示。

图9-27

01 打开"材质编辑器"面板。选择一个空白材质球，将其设置为VRayMtl材质，如图9-28所示。

02 在"基本参数"卷展栏中，设置"漫反射"的颜色如图9-29所示。

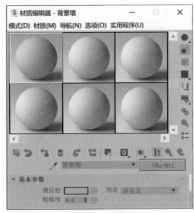

图9-28

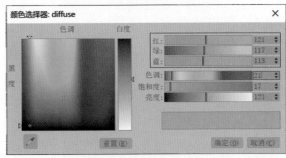

图9-29

03 在"贴图"卷展栏中，为"反射"的贴图通道添加一张"灰墙反射.png"文件，制作出背景墙材质的反射细节，如图9-30所示。

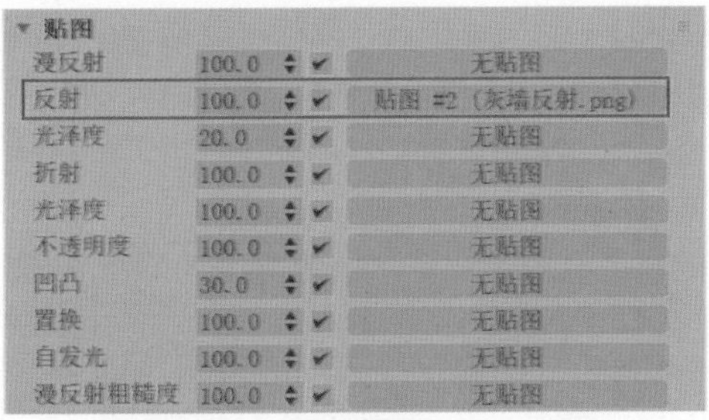

贴图			
漫反射	100.0	✔	无贴图
反射	100.0	✔	贴图 #2 (灰墙反射.png)
光泽度	20.0	✔	无贴图
折射	100.0	✔	无贴图
光泽度	100.0	✔	无贴图
不透明度	100.0	✔	无贴图
凹凸	30.0	✔	无贴图
置换	100.0	✔	无贴图
自发光	100.0	✔	无贴图
漫反射粗糙度	100.0	✔	无贴图

图9-30

04 在"基本参数"卷展栏中，设置"光泽度"的值为0.8，如图9-31所示。

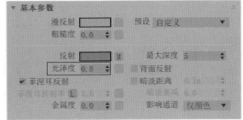

图9-31

05 制作完成后的背景墙材质球显示结果如图9-32所示。

图9-32

9.2.7　制作沙发材质

本实例中的沙发材质渲染结果如图9-33所示。

图9-33

01 打开"材质编辑器"面板。选择一个空白材质球，将其设置为VRayMtl材质，如图9-34所示。

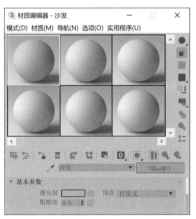

图9-34

02 在"贴图"卷展栏中，为"漫反射"的贴图通道添加"合成"贴图，如图9-35所示。

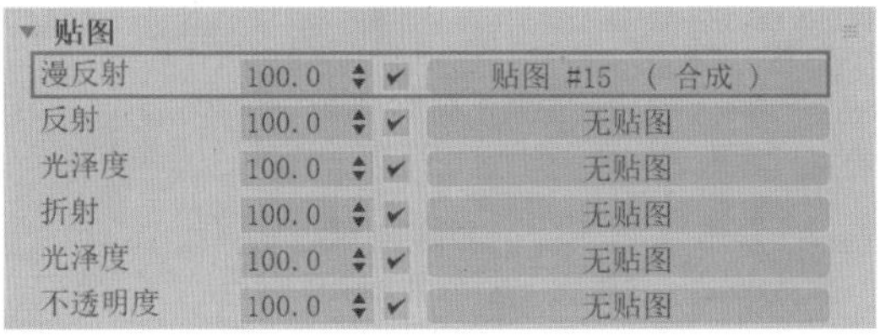

图9-35

03 添加完成后，"材质编辑器"会自动显示"合成"贴图的参数设置。在"合成层"卷展栏内，单击"层1"里的"无"按钮，如图9-36所示。为其设置一张"布纹J.jpg"贴图文件，设置完成后，如图9-37所示。

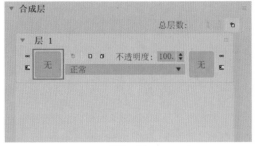

图9-36

图9-37

04 单击"总层数"后面的"添加新层"按钮，在新添加"层2"中再次单击"无"按钮，如图9-38所示。

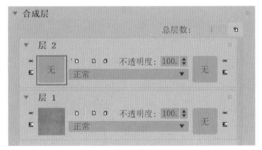

图9-38

05 在系统自动弹出的"材质/贴图浏览器"对话框中选择"VRay颜色"贴图，如图9-39所示。

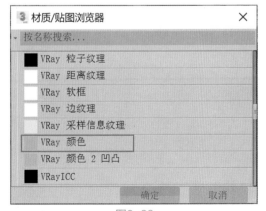

图9-39

06 在"VRay颜色参数"卷展栏中，设置"颜色"为黄色，如图9-40所示。"颜色"的参数设置如图9-41所示。

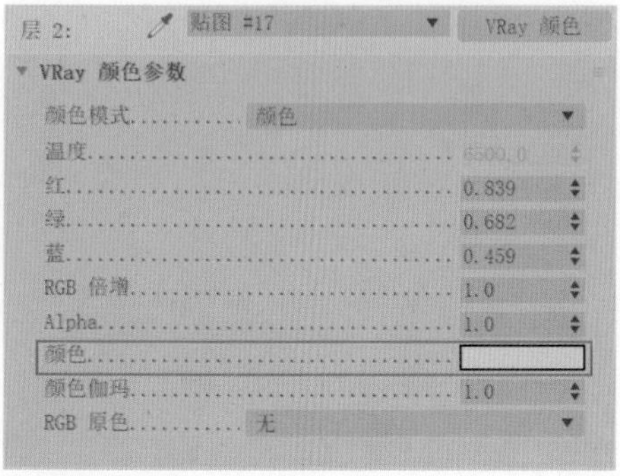

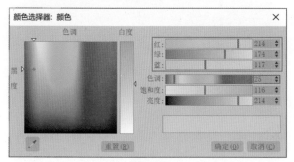

图9-40

图9-41

07 在"合成层"卷展栏中，将"层2"的"不透明度"值设置为60.0，这样就实现了将"布纹J.jpg"贴图文件与黄色合成到一起的贴图效果，如图9-42所示。贴图文件与黄色合成的前后对比效果如图9-43所示。

图9-42

图9-43

08 在"贴图"卷展栏中，将"漫反射"贴图通道中的命令以拖曳的方式复制到"凹凸"属性的贴图通道中，并设置"凹凸"值为5.0，如图9-44所示。

图9-44

09 制作完成后的沙发材质球显示结果如图9-45所示。

图9-45

9.2.8 制作布墙材质

本实例中的布墙材质渲染结果如图9-46所示。

图9-46

01 打开"材质编辑器"面板。选择一个空白材质球，将其设置为VRayMtl材质，如图9-47所示。

02 在"贴图"卷展栏中，为"漫反射"的贴图通道添加"合成"贴图，如图9-48所示。

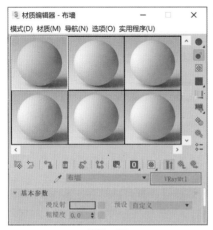

图9-47

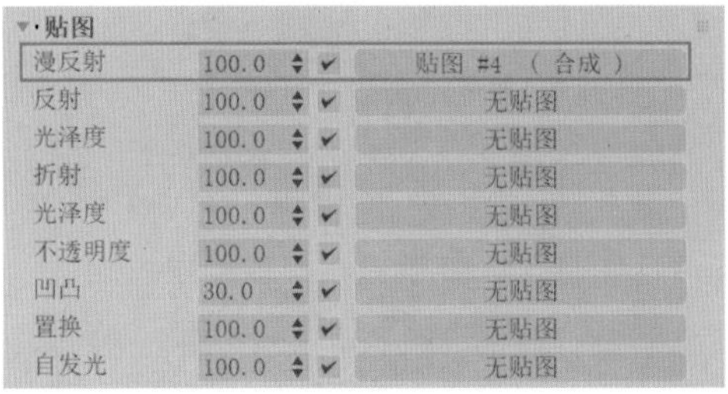

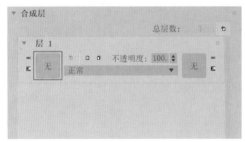

图9-48

03 添加完成后，"材质编辑器"会自动显示"合成"贴图的参数设置。在"合成层"卷展栏内，单击"层1"里的"无"按钮，如图9-49所示。为其设置一张"布纹J.jpg"贴图文件，设置完成后，如图9-50所示。

图9-49

图9-50

04 在"材质编辑器"面板中单击"Bitmap"按钮 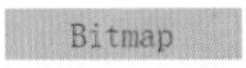
`Bitmap`，在弹出的"材质/贴图浏览器"对话框中选择"Color Correction（色彩校正）"贴图，如图9-51所示。

图9-51

05 在"亮度"卷展栏中，设置"亮度"的值为15.0，提高贴图的亮度，如图9-52所示。

图9-52

06 单击"总层数"后面的"添加新层"按钮，在新添加"层2"中再次单击"无"按钮，如图9-53所示。

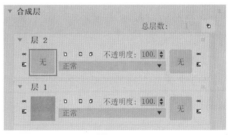

图9-53

07 在系统自动弹出的"材质/贴图浏览器"对话框中选择"VRay颜色"贴图，如图9-54所示。

08 在"VRay颜色参数"卷展栏中，设置"颜色"为绿色，如图9-55所示。"颜色"的参数设置如图9-56所示。

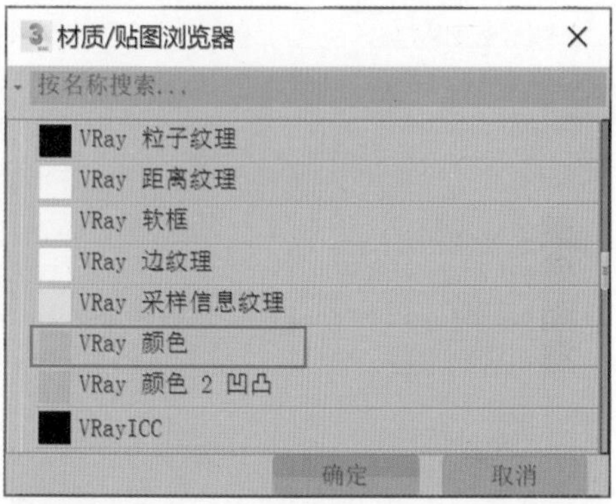

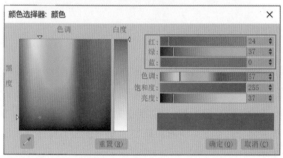

图9-54

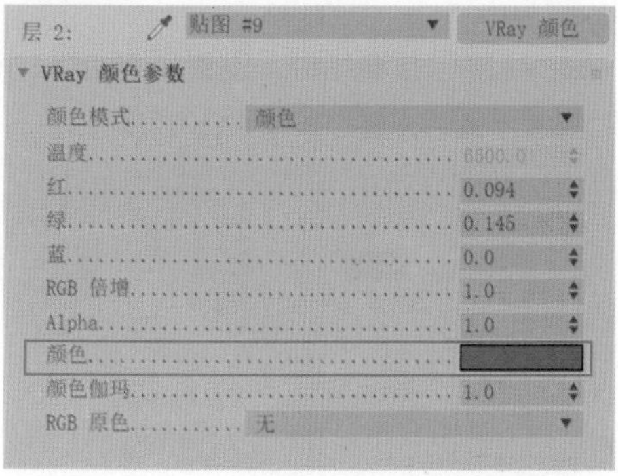

图9-55

图9-56

09 在"合成层"卷展栏中,将"层2"的"不透明度"值设置为70.0,这样就实现了将"布纹J.jpg"贴图文件与绿色合成到一起的贴图效果,如图9-57所示。原始贴图文件与绿色合成的前后对比效果如图9-58所示。

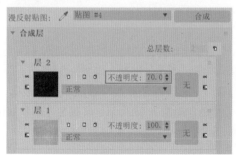

图9-57

图9-58

10 在"基本参数"卷展栏中,设置"反射"的颜色为灰色,设置"光泽度"的值为0.6,如图9-59所示。"反射"颜色的参数设置如图9-60所示。

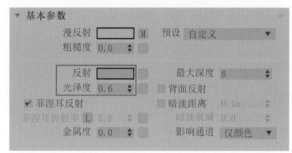

图9-59

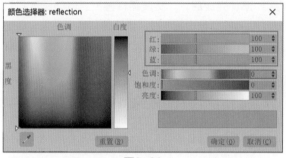

图9-60

11 制作完成后的布墙材质球显示结果如图9-61所示。

图9-61

9.2.9 制作叶片材质

本实例中的叶片材质渲染结果如图9-62所示。

图9-62

01 打开"材质编辑器"面板。选择一个空白材质球，将其设置为VRayMtl材质，如图9-63所示。

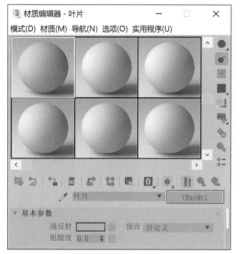

图9-63

02 在"贴图"卷展栏中，为"漫反射"贴图通道上添加一张"叶片A.jpg"文件，制作出叶片材质的表面纹理，如图9-64所示。

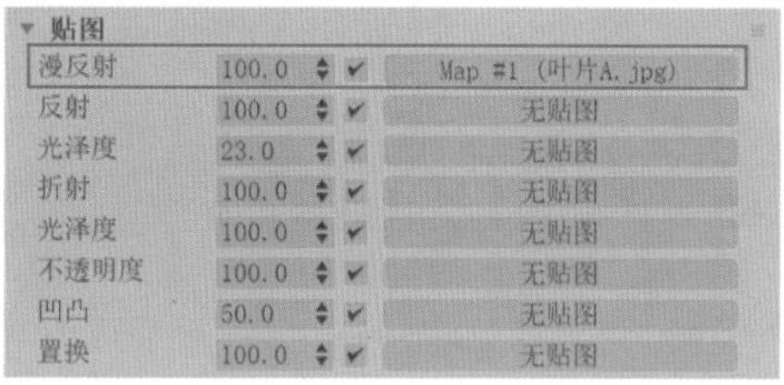

图9-64

03 在"基本参数"卷展栏中，设置"反射"的颜色为灰色，设置"光泽度"的值0.85，如图9-65所示。"反射"颜色的参数设置如图9-66所示。

图9-65

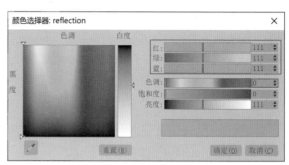

图9-66

04 制作完成后的叶片材质球显示结果如图9-67所示。

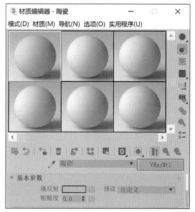

图9-67

9.2.10 制作陶瓷餐具材质

本实例中桌子上的盘子和杯子均使用了蓝色的陶瓷材质，渲染结果如图9-68所示。

图9-68

01 打开"材质编辑器"面板。选择一个空白材质球，将其设置为VRayMtl材质，如图9-69所示。

图9-69

02 在"基本属性"卷展栏中，设置"漫反射"的

175

颜色为蓝色。设置"反射"的颜色为白色，如图9-70
所示。其中，"漫反射"的颜色参数设置如图9-71
所示。

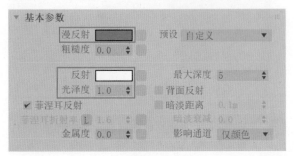

图9-70

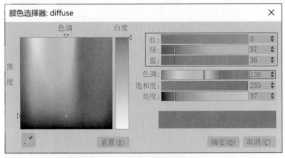

图9-71

03 制作完成后的陶瓷材质球显示结果如图9-72
所示。

图9-72

9.3 摄影机参数设置

9.3.1 创建（VR）物理摄影机

01 在"创建"面板中，将"摄影机"的下拉列表
切换至VRay，单击"（VR）物理摄影机"按钮，
如图9-73所示。

图9-73

02 在"顶"视图中如图9-74所示位置处创建一个
（VR）物理摄影机。

图9-74

03 在"前"视图中，调整摄影机及摄影机目标点
的位置至如图9-75所示。

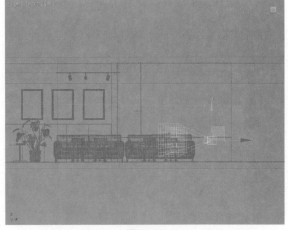

图9-75

04 选择场景中的摄影机，在"修改"面板中，展
开"传感器和镜头"卷展栏，设置"胶片规格（毫
米）"的值为36.0，如图9-76所示。

图9-76

05 设置完成后，按下C键，切换至"摄影机"视图，本实例中的摄影机展示角度如图9-77所示。

图9-77

9.3.2 制作景深效果

前面内容已经详细讲解了如何使用"物理"摄影机来制作景深效果。这一小节详细讲解使用"（VR）物理摄影机"制作景深效果的步骤。

01 展开"景深和运动模糊"卷展栏，勾选"景深"选项，如图9-78所示。

图9-78

02 展开"光圈"卷展栏，设置"光圈数"的值为6.0，设置"快门速度"的值为50.0，如图9-79所示。这样，"（VR）物理摄影机"的景深效果就制作完成了。

图9-79

技术专题 使用"（VR）物理摄影机"制作景深特效

使用"（VR）物理摄影机"制作景深效果时，调节"景深"效果是否明显的参数为"光圈数"。"光圈数"的值越小，"景深"的效果越明显，反之亦然。但是，"光圈数"还会显著影响渲染图像的明亮程度，所以，该参数通常需要配合"快门速度"一起使用。如图9-80和图9-81所示为"光圈数"值分别为6和1，而"快门速度"值分别为50和1000的渲染图像结果对比。

图9-80

图9-81

当"光圈数"的值足够小时，渲染出来的图像可以出现较为明显的光圈形状效果。有关光圈形状设置的命令可以在"散景特效"卷展栏中找到。展开"散景特效"卷展栏，其中的参数设置如图9-82所示。接下来，将其中较为常用的参数为大家详细讲解。

图9-82

常用参数解析

- 叶片数：用于设置多边形光圈形状的边数。如图9-83和图9-84所示分别为该值是4和6的光圈形状渲染结果。

图9-83   图9-84

- 旋转（度）：用于设置多边形光圈的旋转角度。如图9-85和图9-86所示为该值分别是20和90的光圈形状渲染结果。

图9-85   图9-86

- 中心偏移：用于设置光圈透明度的偏移效果，例如向光圈的中心处偏移或是向光圈的边缘处偏移。如图9-87和图9-88所示为该值分别为-7和7的光圈形状渲染结果。

图9-87   图9-88

- 各向异性：用于设置拉伸光圈的形状，如图9-89和图9-90所示为该值分别为0.3和-0.3的光圈形状渲染结果。

图9-89   图9-90

- 光学晕影：用于模拟"猫眼"效果，影响图像边缘附近的散景形状，如图9-91和图9-92所示为该值分别是3和-3的图像渲染结果。

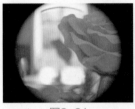 

图9-91   图9-92

9.4 灯光设置

本实例主要突出表现天光从窗户外透射进室内的照射效果，灯光设置的具体操作步骤如下。

01 在"创建"面板中，将"灯光"的下拉列表切换至VRay，单击"（VR）灯光"按钮，如图9-93所示。

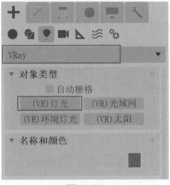

图9-93

02 在"左"视图中，餐厅窗户位置处创建一个"（VR）灯光"，如图9-94所示。"（VR）灯光"的大小与窗户模型相匹配，如果创建之后不是特别匹配，可以通过"缩放"工具来调整"（VR）灯光"的大小。

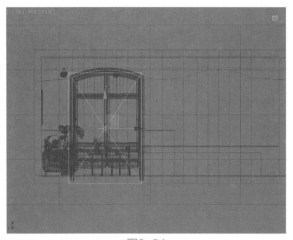

图9-94

03 按下T键，切换至"顶"视图。调整"（VR）灯光"的位置至如图9-95所示，使其位于餐厅窗户的外面。

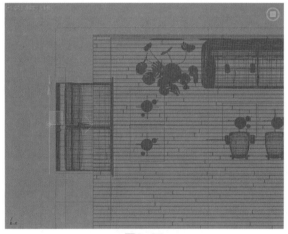

图9-95

04 在"修改"面板中，展开"常规"卷展栏。设置"倍增"值为100.0，如图9-96所示。

图9-96

05 设置完成后，按住Shift键，以拖曳的方式复制一个"（VR）灯光"，并调整其位置至餐厅模型的另一处窗户位置处，如图9-97所示。

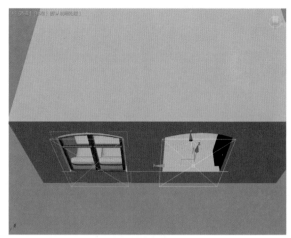

图9-97

9.5　渲染及后期设置

9.5.1　渲染设置

01 打开"渲染设置：V-Ray 5"面板，可以看到本场景已经预先设置完成使用VRay渲染器渲染场景，如图9-98所示。

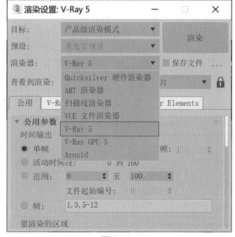

图9-98

02 在"公用参数"选项卡中，设置渲染输出图像的"宽度"为1800，"高度"为2400，如图9-99所示。

03 在V-Ray选项卡中，展开"图像采样器（抗锯齿）"卷展栏，设置渲染的"类型"为"渲染块"，如图9-100所示。

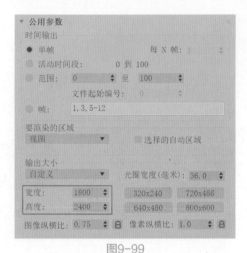

图9-99

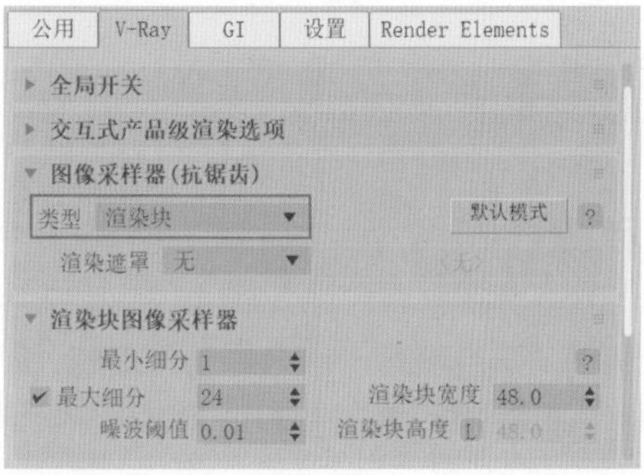

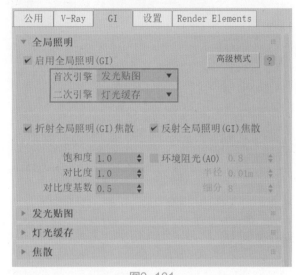

04 在GI选项卡中，展开"全局照明"卷展栏，设置"首次引擎"的选项为"发光贴图"，设置"二次引擎"的选项为"灯光缓存"，如图9-101所示。

图9-101

05 设置完成后，渲染场景，渲染结果如图9-102所示。

图9-100

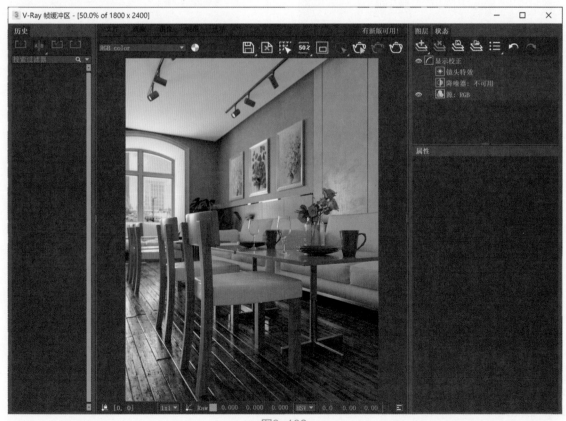

图9-102

9.5.2　后期处理

01　在"V-Ray帧缓冲区"面板中，可以对渲染出来的图像进行细微调整。单击"图层"选项卡中的"创建图层"按钮，如图9-103所示。

图9-103

02　在弹出的下拉菜单中选择"曲线"命令，如图9-104所示。

图9-104

03　在"曲线"卷展栏中，调整曲线的形态至如图9-105所示，可以提高渲染图像的亮度。

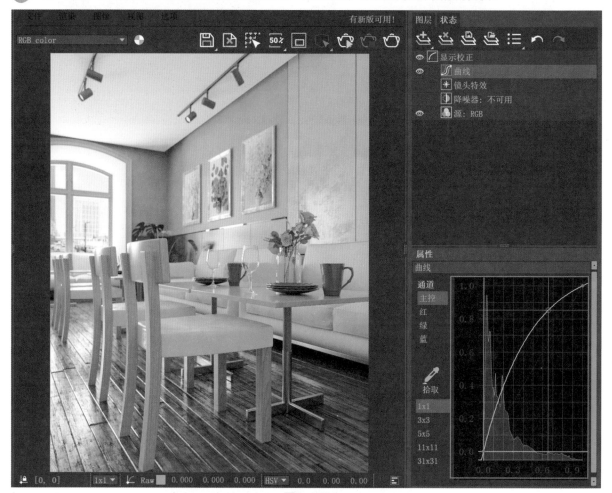

图9-105

04　以相同的方式添加一个"色彩平衡"图层，在"色彩平衡"卷展栏中，设置"洋红-绿"的值为0.050，设置"黄-蓝"的值为-0.060，如图9-106所示，调整渲染图像的色彩。

181

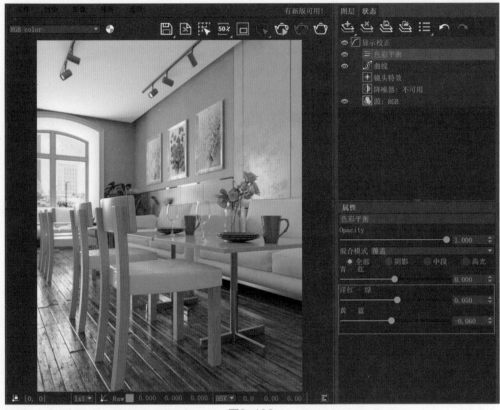

图9-106

05 本实例的最终图像渲染结果如图9-107所示。

图9-107

第 10 章

现代风格公寓
日光表现

10.1 效果展示

本实例为一个现代风格设计的公寓日光表现效果，摄影机采用俯视角度，将一层的客厅设计尽收眼底。实例的最终渲染结果及线框图如图10-1和图10-2所示。

图10-1

图10-2

打开本书配套场景文件"公寓.max"，如图10-3所示。接下来将较为典型的常用材质进行详细讲解。

图10-3

10.2 材质制作

10.2.1 制作地板材质

本实例中的地板材质渲染结果如图10-4所示。

图10-4

01 打开"材质编辑器"面板。选择一个空白材质球，将其设置为VRayMtl材质，如图10-5所示。

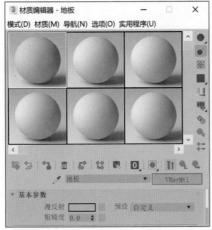

图10-5

02 在"基本参数"卷展栏中，单击"漫反射"后面的方形按钮，如图10-6所示。

图10-6

03 在系统自动弹出的"材质/贴图浏览器"对话框中选择"Color Correction（色彩校正）"贴图，如图10-7所示。

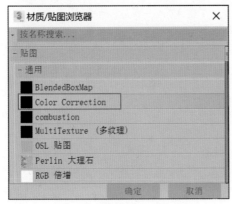

图10-7

04 在Color Correction（色彩校正）贴图的

"基本参数"卷展栏中，为"贴图"添加一张"地板.jpg"贴图文件。展开"颜色"卷展栏，设置"饱和度"的值为-67.0，如图10-8所示。

图10-8

05 回到VRayMtl材质的"基本参数"卷展栏中，设置"反射"的颜色为白色，设置"光泽度"的值为0.75，制作出地板材质的反射及高光效果，如图10-9所示。

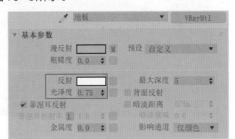

图10-9

06 展开"贴图"卷展栏，将"漫反射"贴图通道中设置完成的贴图以拖曳的方式复制到"凹凸"属性的贴图通道中，并设置"凹凸"的值为10.0，制作出地板材质的凹凸细节，如图10-10所示。

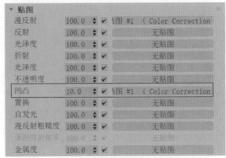

图10-10

07 制作完成后的地板材质球显示结果如图10-11所示。

图10-11

10.2.2　制作地毯材质

本实例中地毯材质的渲染结果如图10-12所示。

图10-12

01 打开"材质编辑器"面板。选择一个空白材质球，将其设置为VRayMtl材质，如图10-13所示。

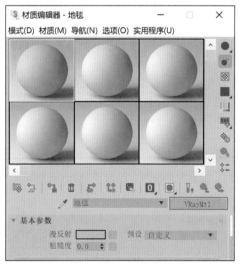

图10-13

02 展开"贴图"卷展栏，为"漫反射"的贴图通道添加一张"布纹P.jpg"文件，并以拖曳的方式将"漫反射"贴图通道中的贴图复制到"凹凸"属性的贴图通道上，如图10-14所示。

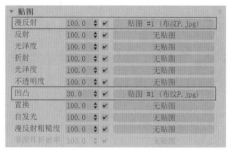

图10-14

03 展开"坐标"卷展栏，分别设置U和V属性的"瓷砖"值为2.0，并勾选"镜像"选项，如图10-15所示。

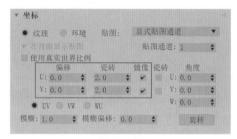

图10-15

04 制作完成后的地毯材质球显示结果如图10-16所示。

图10-16

10.2.3　制作蓝色玻璃材质

本实例中用于插花的瓶子表现为淡蓝色的玻璃材质，渲染结果如图10-17所示。

图10-17

01 打开"材质编辑器"面板。选择一个空白材质球，将其设置为VRayMtl材质，如图10-18所示。

图10-18

02 在"基本参数"卷展栏中，设置"反射"和"折射"的颜色均为白色，设置"烟雾颜色"为绿色，设置"烟雾倍增"值为0.2，如图10-19所示。"烟雾颜色"的参数设置如图10-20所示。

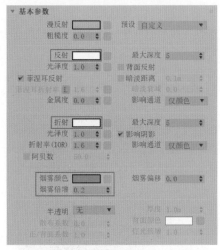

图10-19

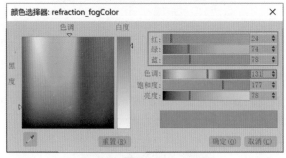

图10-20

03 制作完成后的蓝色玻璃材质球显示结果如图10-21所示。

图10-21

10.2.4 制作金色金属材质

本实例中金色金属材质的渲染结果如图10-22所示。

图10-22

01 打开"材质编辑器"面板。选择一个空白材质球，将其设置为VRayMtl材质，如图10-23所示。

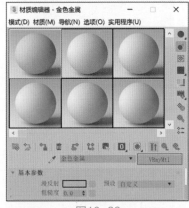

图10-23

02 在"基本参数"卷展栏中，设置"漫反射"的颜色如图10-24所示，制作出金属材质的颜色。设置"反射"的颜色为白色。设置"金属度"的值为1.0，增强材质的金属特性，如图10-25所示。

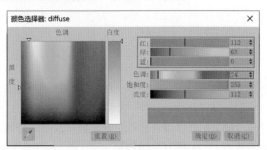

图10-24

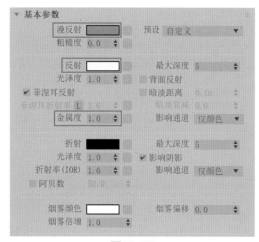

图10-25

03 制作完成后的金色金属材质球显示结果如图10-26所示。

图10-26

10.2.5　制作银色金属材质

本实例中电视下方台子上的瓶子使用了银色金属材质，渲染结果如图10-27所示。

图10-27

01 打开"材质编辑器"面板。选择一个空白材质球，将其设置为VRayMtl材质，如图10-28所示。

02 在"基本参数"卷展栏中，设置"漫反射"和"反射"的颜色为白色。设置"光泽度"的值为0.95，设置"金属度"的值为1.0，增强材质的金属特性，如图10-29所示。

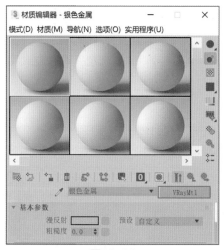

图10-28

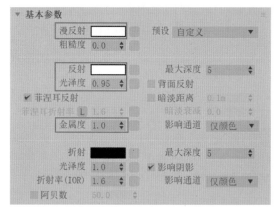

图10-29

03 制作完成后的银色金属材质球显示结果如图10-30所示。

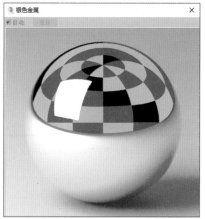

图10-30

10.2.6　制作木制背景墙材质

本实例中木制背景墙材质的渲染结果如图10-31所示。

图10-31

01 打开"材质编辑器"面板。选择一个空白材质球，将其设置为VRayMtl材质，如图10-32所示。

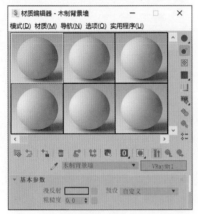

图10-32

02 在"贴图"卷展栏中，为"漫反射"的贴图通道添加一张"木纹A.jpg"文件，制作出木制背景墙材质的表面纹理，如图10-33所示。

贴图			
漫反射	100.0 ✦ ✔	贴图 #1（木纹A.jpg）
反射	100.0 ✦ ✔	无贴图
光泽度	100.0 ✦ ✔	无贴图
折射	100.0 ✦ ✔	无贴图
光泽度	100.0 ✦ ✔	无贴图
不透明度	100.0 ✦ ✔	无贴图
凹凸	30.0 ✦ ✔	无贴图
置换	100.0 ✦ ✔	无贴图
自发光	100.0 ✦ ✔	无贴图
漫反射粗糙度	100.0 ✦ ✔	无贴图

图10-33

03 设置"反射"的颜色为白色，设置"光泽度"的值为0.85，制作出木制背景墙材质的高光及反射效果，如图10-34所示。

基本参数			
漫反射	M	预设 自定义 ▼
粗糙度 0.0		
反射		最大深度 5
光泽度 0.85		背面反射
✔ 菲涅耳反射		暗淡距离 0.1m
菲涅耳折射率 1.6		暗淡衰减 0.0
金属度 0.0		影响通道 仅颜色

图10-34

04 制作完成后的木制背景墙材质球显示结果如图10-35所示。

图10-35

10.2.7 制作沙发抱枕材质

本实例中的沙发抱枕材质渲染结果如图10-36所示。

图10-36

01 打开"材质编辑器"面板。选择一个空白材质球，将其设置为VRayMtl材质，如图10-37所示。

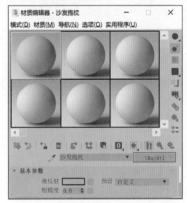

图10-37

02 在"贴图"卷展栏中，为"漫反射"的贴图通道添加一张"皮革C.jpg"文件，并以拖曳的方式复制到"凹凸"属性的贴图通道中，并设置"凹凸"的值为60.0，如图10-38所示。

贴图			
漫反射	100.0 ✦ ✔	贴图 #1（皮革C.jpg）
反射	100.0 ✦ ✔	无贴图
光泽度	100.0 ✦ ✔	无贴图
折射	100.0 ✦ ✔	无贴图
光泽度	100.0 ✦ ✔	无贴图
不透明度	100.0 ✦ ✔	无贴图
凹凸	60.0 ✦ ✔	贴图 #1（皮革C.jpg）
置换	100.0 ✦ ✔	无贴图
自发光	100.0 ✦ ✔	无贴图
漫反射粗糙度	100.0 ✦ ✔	无贴图
菲涅耳折射率	100.0 ✦ ✔	
金属度	100.0 ✦ ✔	无贴图

图10-38

03 在"基本参数"卷展栏中，设置"反射"的颜色为灰色，如图10-39所示。设置"光泽度"的值为0.7，如图10-40所示。

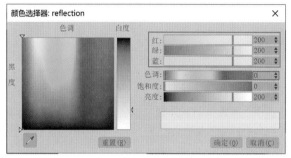

图10-39

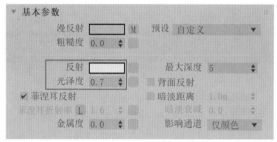

图10-40

04 制作完成后的沙发抱枕材质球显示结果如图10-41所示。

图10-41

10.2.8　制作沙发皮革材质

本实例中的沙发皮革材质渲染结果如图10-42所示。

图10-42

01 打开"材质编辑器"面板。选择一个空白材质球，将其设置为VRayMtl材质，如图10-43所示。

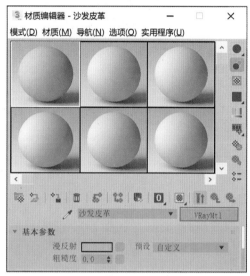

图10-43

02 在"贴图"卷展栏中，为"漫反射"的贴图通道添加一张"皮革A.jpg"文件，为"反射"的贴图通道添加一张"皮革B.jpg"文件，并以拖曳的方式将其复制到"凹凸"属性的贴图通道中，并设置"凹凸"的值为30.0，如图10-44所示。

图10-44

03 在"基本参数"卷展栏中，设置"光泽度"的值为0.7，如图10-45所示。

图10-45

04 制作完成后的沙发皮革材质球显示结果如图10-46所示。

图10-46

10.2.9 制作叶片材质

本实例中的叶片材质渲染结果如图10-47所示。

图10-47

01 打开"材质编辑器"面板。选择一个空白材质球，将其设置为VRayMtl材质，如图10-48所示。

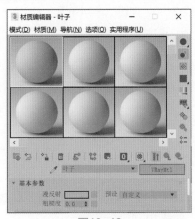

图10-48

02 在"贴图"卷展栏中，为"漫反射"贴图通道上添加一张"叶子B.jpg"文件，制作出叶片材质的表面纹理，如图10-49所示。设置完成后的材质球贴图显示效果如图10-50所示。

贴图			
漫反射	100.0	✔	Map #1 (叶子B.jpg)
反射	100.0	✔	无贴图
光泽度	100.0	✔	无贴图
折射	100.0	✔	无贴图
光泽度	100.0	✔	无贴图
不透明度	100.0	✔	无贴图
凹凸	30.0	✔	无贴图
置换	100.0	✔	无贴图
自发光	100.0	✔	无贴图
漫反射粗糙度	100.0	✔	无贴图

图10-49

图10-50

03 以同样的方式为"反射"贴图通道上添加一张"叶子反射B.jpg"文件，并以拖曳的方式复制到"光泽度"的贴图通道上。为"不透明度"贴图通道上添加一张"叶子不透明度.jpg"文件，如图10-51所示。

贴图			
漫反射	100.0	✔	Map #1 (叶子B.jpg)
反射	100.0	✔	Map #1 (叶子反射B.jpg)
光泽度	100.0	✔	Map #1 (叶子反射B.jpg)
折射	100.0	✔	无贴图
光泽度	100.0	✔	无贴图
不透明度	100.0	✔	Map #1 (叶子不透明度.jpg)
凹凸	30.0	✔	无贴图
置换	100.0	✔	无贴图
自发光	100.0	✔	无贴图
漫反射粗糙度	100.0	✔	无贴图
菲涅耳反射率	100.0	✔	无贴图

图10-51

04 单击"凹凸"属性后面的"无贴图"按钮，在系统自动弹出的"材质/贴图浏览器"对话框中选择"VRay法线贴图"选项，如图10-52所示。

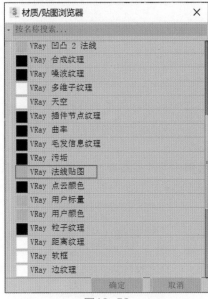

图10-52

05 在"VRay法线贴图参数"卷展栏中，为"法线贴图"属性添加一张"叶子法线.jpg"文件，如图10-53所示。设置完成后的材质球贴图显示效果如图10-54所示。

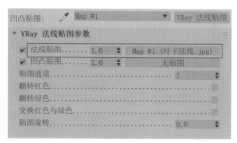

图10-53

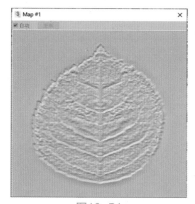

图10-54

06 制作完成后的叶片材质球显示结果如图10-55所示。

图10-55

10.2.10　制作水晶灯玻璃材质

本实例中水晶吊灯上的玻璃材质渲染结果如图10-56所示。

图10-56

01 打开"材质编辑器"面板。选择一个空白材质球，将其设置为VRayMtl材质，如图10-57所示。

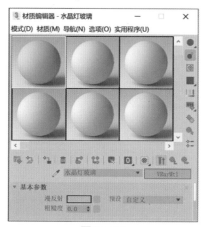

图10-57

02 在"基本参数"卷展栏中，设置"漫反射"的颜色为浅黄色，如图10-58所示。设置"反射"和"折射"的颜色为白色，设置"折射率（IOR）"的值为2.5，如图10-59所示。

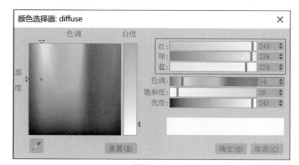

图5-58

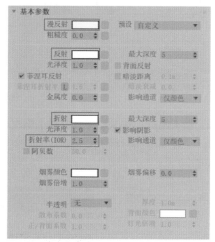

图10-59

03 制作完成后的水晶灯玻璃材质球显示结果如图10-60所示。

图10-60

10.2.11 制作电视屏幕材质

本实例中的电视屏幕材质具有较强的反射效果，渲染结果如图10-61所示。

图10-61

01 打开"材质编辑器"面板。选择一个空白材质球，将其设置为VRayMtl材质，如图10-62所示。

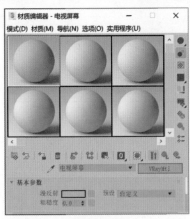

图10-62

02 在"基本参数"卷展栏中，设置"漫反射"的颜色为深灰色，如图10-63所示。

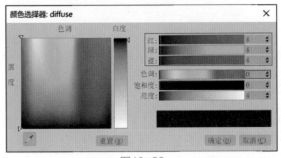

图10-63

03 设置"反射"的颜色为灰色，如图10-64所示。设置"光泽度"的值为0.97，如图10-65所示。

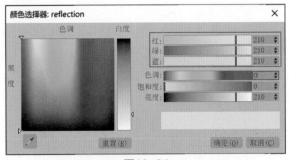

图10-64

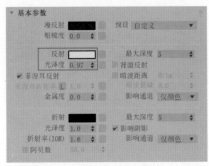

图10-65

04 在"贴图"卷展栏中，单击"凹凸"属性后面的"无贴图"按钮，如图10-66所示。

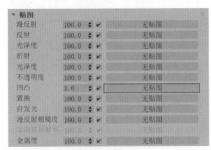

图10-66

05 在弹出的"材质/贴图浏览器"对话框中，选择"噪波"贴图，如图10-67所示。

图10-67

06 为"凹凸"属性的贴图通道添加"噪波"贴图，并将"凹凸"值设置为3.0，如图10-68所示。

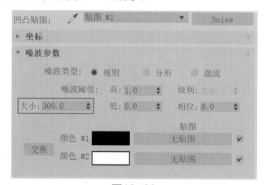

图10-68

07 展开"噪波参数"卷展栏，设置"大小"的值为300.0，如图10-69所示。

图10-69

08 制作完成后的电视屏幕材质球显示结果如图10-70所示。

图10-70

10.2.12　制作白色陶瓷材质

本实例中桌子上的小碟和杯子均使用了白色的陶瓷材质，渲染结果如图10-71所示。

图10-71

01 打开"材质编辑器"面板。选择一个空白材质球，将其设置为VRayMtl材质，如图10-72所示。

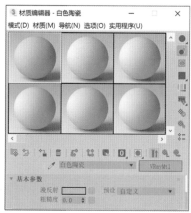

图10-72

02 在"基本属性"卷展栏中，设置"漫反射"的颜色为浅白色，设置"反射"的颜色为浅灰色，设置"光泽度"的值为0.98，如图10-73所示。其中，"漫反射"的颜色参数设置如图10-74所示。"反射"颜色的参数设置如图10-75所示。

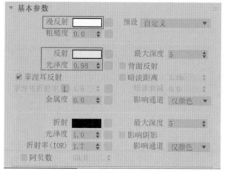

图10-73

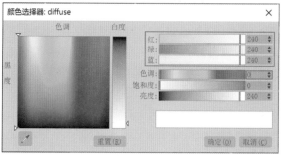

图10-74

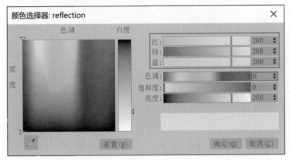

图10-75

03 制作完成后的白色陶瓷材质球显示结果如图10-76所示。

图10-76

10.2.13 制作单人沙发材质

本实例中单人沙发采用了布面和木纹两种材质，渲染结果如图10-77所示。

图10-77

01 打开"材质编辑器"面板。选择一个空白材质球，将其设置为"多维/子对象"材质，并将"设置数量"的值设置为2，分别将ID号是1和2的两个材质球设置为VRayMtl材质，如图10-78所示。

02 首先制作布面材质。在"贴图"卷展栏中，为"漫反射"的贴图通道设置"Color Correction（颜色校正）"贴图，如图10-79所示。

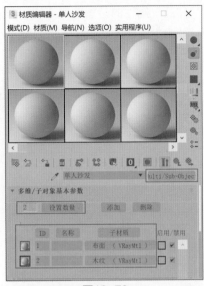

图10-78

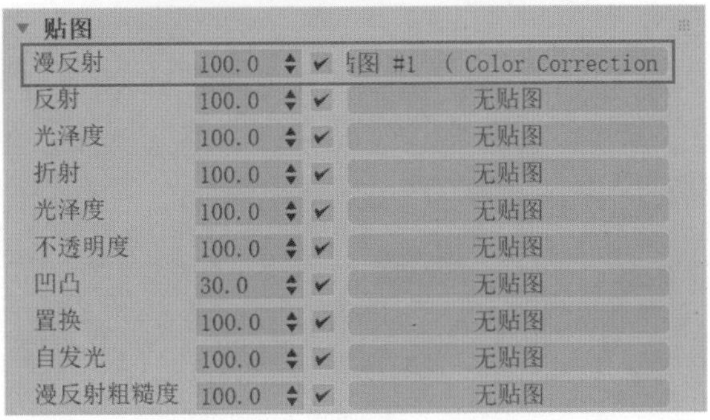

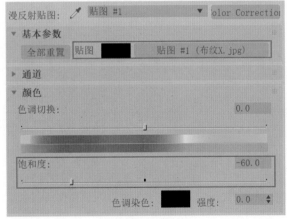

图10-79

03 在"基本参数"卷展栏中，为"贴图"属性指定一张"布纹X.jpg"文件。在"颜色"卷展栏中，设置"饱和度"的值为-60.0，如图10-80所示。

图10-80

04 在"坐标"卷展栏中，设置U和V的"瓷砖"值分别为2.0，如图10-81所示。

图10-81

05 制作完成后的布面材质球显示结果如图10-82所示。

图10-82

06 接下来制作单人沙发上的木纹材质。展开"贴图"卷展栏,为"漫反射"的贴图通道添加一张"木纹H.jpg"文件,制作出木纹材质的表面纹理,如图10-83所示。

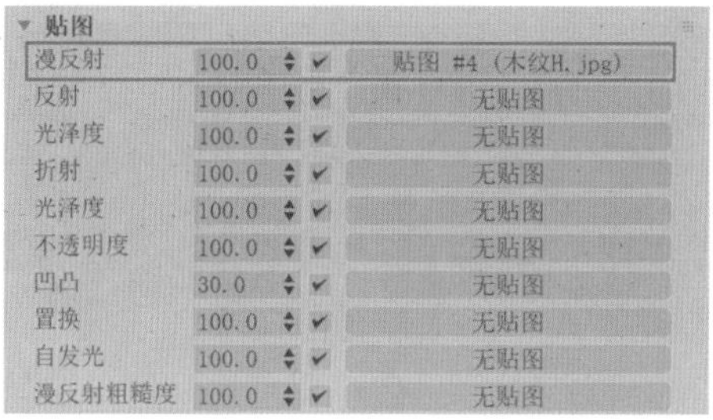

图10-83

07 展开"基本参数"卷展栏,设置"反射"的颜色为白色,设置"光泽度"的值为0.7,如图10-84所示。

图10-84

08 制作完成后的木纹材质球显示结果如图10-85所示。

图10-85

10.3 摄影机参数设置

10.3.1 创建物理摄影机

01 在"创建"面板中,单击"物理"按钮,如图10-86所示。

图10-86

02 在"顶"视图中如图10-87所示位置处创建一个物理摄影机。

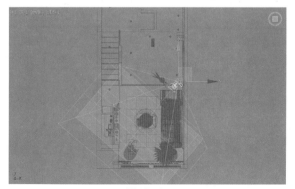

图10-87

03 在"左"视图中,调整摄影机及摄影机目标点的位置至如图10-88所示。

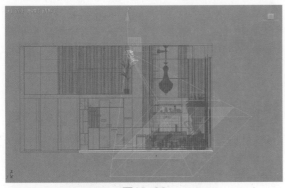

图10-88

04 选择场景中的摄影机，在"修改"面板中，展开"物理摄影机"卷展栏，设置"宽度"的值为45.0，如图10-89所示。

图10-89

05 设置完成后，按下C键，切换至"摄影机"视图，本实例中的摄影机展示角度如图10-90所示。

图10-90

10.3.2 制作景深效果

本实例中摄影机从公寓的二楼向下方进行拍摄，所以如果在渲染效果中添加一点景深特效，通过虚化距离摄影机较近的绿植和二楼围栏则可以起

到突出一楼整体设计的效果。

01 接下来，通过调整摄影机的参数来制作"景深"效果。展开"物理摄影机"卷展栏，勾选"启用景深"选项，并设置"光圈"的值为2.0，如图10-91所示。

02 展开"散景（景深）"卷展栏，设置"光圈形状"为"叶片式"选项，设置"叶片"的值为6，如图10-92所示。

图10-91　　　　图10-92

03 调整完成后，观察"摄影机"视图。"摄影机"视图中会自动开始模拟景深效果，如图10-93所示。

图10-93

技术专题 使用"物理"摄影机制作景深特效

"景深"效果是摄影师常用的一种拍摄手法，指画面中拍摄对象清晰的区域，可大可小。当物体距离摄影机的焦点越远，成像的清晰度就会越差，拍摄出来的画面看起来就会越模糊。在渲染中，"景深"特效常常可以虚化配景，从而达到表现出

画面主体的作用。如图10-94和图10-95所示为拍摄的两张带有"景深"效果的照片。

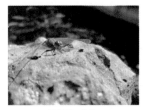

图10-94　　　　　　　图10-95

要想使得摄影机渲染出"景深"效果，首先选择场景中的摄影机对象，在"修改"面板中勾选"启用景深"选项，这样就会开启"景深"效果计算，如图10-96所示。

图10-96

"景深"的效果，也就是通常所理解的画面虚化的效果，主要受"光圈"参数值的影响。如图10-97和图10-98所示分别为"光圈"值是2和5的摄影机景深计算结果，可以看到"光圈"的值越小，"景深"的效果越明显，反之亦然。

图10-97　　　　　　　图10-98

当"光圈"的值足够小时，渲染出来的图像可以出现较为明显的光圈形状效果。有关光圈形状设置的命令可以在"散景（景深）"卷展栏中找到。展开"散景（景深）"卷展栏，其中的参数设置如

图10-99所示。接下来将其中较为常用的参数进行详细讲解。

图10-99

常用参数解析

① "光圈形状"组

● 圆形：该选项可以渲染出圆形的光圈形状，如图10-100所示。

图10-100

● 叶片式：该选项可以渲染出多边形的光圈形状。

● 叶片：用于设置多边形光圈形状的边数。如图10-101和图10-102所示分别为该值是3和5的光圈形状渲染结果。

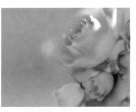

图10-101　　　　　　　图10-102

● 旋转：用于设置多边形光圈的旋转角度。如图10-103和图10-104所示为该值分别是0和45的光圈形状渲染结果。

图10-103　　　　　　　图10-104

- 自定义纹理：用户可以通过设置贴图的方式来得到形状更加丰富的光圈渲染效果。

② "中心偏移（光环效果）"组

- 中心/光环：用于设置光圈透明度的偏移效果，例如向光圈的中心处偏移或是向光圈的边缘处偏移。如图10-105和图10-106所示为该值分别为-0.8和0.8的光圈形状渲染结果。

图10-105　　　　　　　图10-106

③ "光学渐晕（CAT眼睛）"组

- 滑块：用于模拟"猫眼"效果，影响图像边缘附近的散景形状，如图10-107和图10-108所示为该值分别是2和-2的图像渲染结果。

图10-107　　　　　　　图10-108

④ "各向异性（失真镜头）"组

- 垂直/水平：用于设置拉伸光圈的形状，如图10-109和图10-110所示为该值分别为0.3和-0.3的光圈形状渲染结果。

图10-109　　　　　　　图10-110

10.4　灯光设置

本实例主要突出表现阳光从窗户外透射进室内的照射效果，灯光设置的具体操作步骤如下。

10.4.1　制作阳光照明效果

01　在"创建"面板中，将下拉列表切换至VRay，单击"（VR）太阳"按钮，如图10-111所示。

图10-111

02　在"顶"视图中，创建一个"（VR）太阳"灯光，如图10-112所示。创建完成后，在系统自动弹出的"V-Ray太阳"对话框中，单击"是"按钮，为该场景自动添加"VRay天空"环境贴图，如图10-113所示。

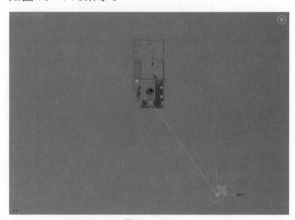

图10-112

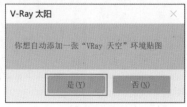

图10-113

03　按下L键，切换至"左"视图。调整"（VR）太阳"灯光的高度至如图10-114所示。

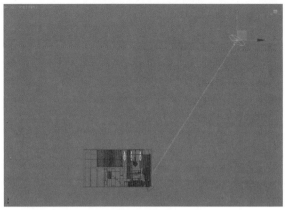

图10-114

04 在"修改"面板中，展开"太阳参数"卷展栏。设置"强度倍增"值为0.03，如图10-115所示。

图10-115

10.4.2　制作射灯照明效果

01 在"创建"面板中，将下拉列表切换至VRay，单击"（VR）光域网"按钮，如图10-116所示。

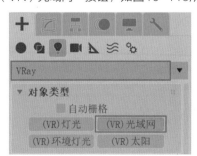

图10-116

02 在"前"视图中，如图10-117所示射灯模型位置下方创建一个"（VR）光域网"灯光。

03 在"顶"视图中，调整"（VR）光域网"灯光的位置至如图10-118所示。

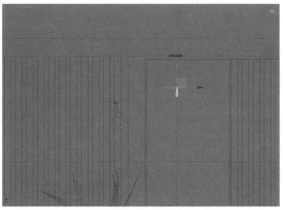

图10-117

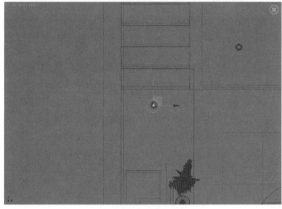

图10-118

04 按住Shift键，对"（VR）光域网"灯光进行复制，在系统自动弹出的"克隆选项"对话框中，选择"实例"选项，如图10-119所示。这样复制出来的"（VR）光域网"灯光是相互关联的关系，在后续的参数调整上，只需要调整场景中任意一个"（VR）光域网"灯光，就会对场景中的所有"（VR）光域网"灯光进行更改。

图10-119

05 对复制出来的"（VR）光域网"灯光进行位置调整，制作出整个客厅里的射灯照明效果，如图10-120所示。

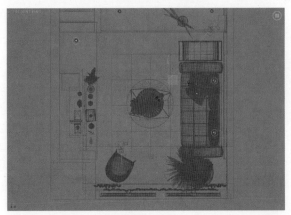

图10-120

06 在"修改"面板中，为"（VR）光域网"灯光的"IES文件"属性添加"射灯.IES"文件，设置"颜色模式"为"温度"选项，设置"色温"的值为7500.0，这样，灯光的"颜色"会自动改变为蓝色，设置"强度值"为500.0，如图10-121所示。

VRay 光域网(IES)参数

启用.................	✔
启用视口着色.........	✔
显示分布.............	✔
目标.................	✔
IES 文件..	射灯
X 轴旋转.......	0.0
Y 轴旋转.......	0.0
Z 轴旋转.......	0.0
中止...........	0.001
阴影偏移.......	0.0m
投影阴影.............	✔
影响漫反射...........	✔
漫反射基值...	1.0
影响高光.............	
高光基值.......	1.0
使用灯光图	仅阴影
覆盖图形.............	
图形....... 点	
高度......	0.0m
宽度......	0.0m
长度......	0.0m
直径......	0.0m
颜色模式..	温度
颜色........	
色温.......	7500.0
覆盖强度..	重缩放
强度类型..	功率(1m)
强度值........	500.0
区域高光.............	✔
视口线框颜色.......	
图标文本.............	
排除...	

图10-121

10.5 渲染及后期设置

10.5.1 渲染设置

01 打开"渲染设置：V-Ray 5"面板，可以看到本场景已经预先设置完成使用VRay渲染器渲染场景，如图10-122所示。

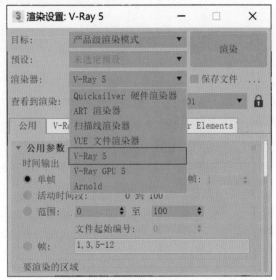

图10-122

02 在"公用参数"选项卡中，设置渲染输出图像的"宽度"为2400，"高度"为1800，如图10-123所示。

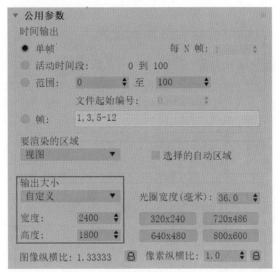

图10-123

03 在V-Ray选项卡中，展开"图像采样器（抗锯齿）"卷展栏，设置渲染的"类型"为"渲染块"，如图10-124所示。

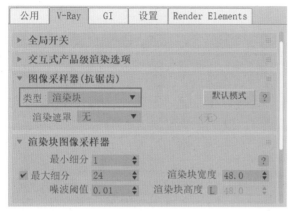

图10-124

04 在GI选项卡中，展开"全局照明"卷展栏，设置"首次引擎"的选项为"发光贴图"，如图10-125所示。

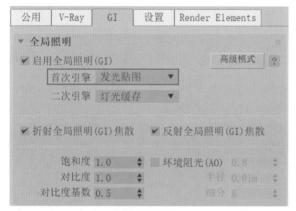

图10-125

05 在"发光贴图"卷展栏中，将"当前预设"选择为"自定义"，并设置"最小比率"和"最大比率"的值均为-1，如图10-126所示。

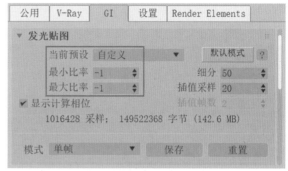

图10-126

06 设置完成后，渲染场景，渲染结果如图10-127所示。

图10-127

10.5.2　后期处理

01 在"V-Ray帧缓冲区"面板中,可以对渲染出来的图像进行细微调整。单击"图层"选项卡中的"创建图层"按钮❶,如图10-128所示。

图10-128

02 在弹出的下拉菜单中选择"曲线"命令,如图10-129所示。

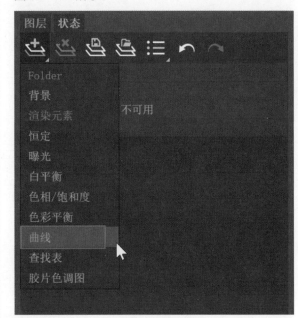

图10-129

03 在"曲线"卷展栏中,调整曲线的形态至如图10-130所示,可以提高渲染图像的亮度。

图10-130

04 以相同的方式添加一个"曝光"图层,在"曝光"卷展栏中,设置"曝光"的值为0.100,设置"对比度"的值为0.050,如图10-131所示,增加图像的层次感。

05 本实例的最终图像渲染结果如图10-132所示。

图10-131

图10-132